北京市共建项目专项资助

生物质发电仿真实训

胡笑颖　高攀◎编著

中国质检出版社
中国标准出版社

北　京

图书在版编目(CIP)数据

生物质发电仿真实训/胡笑颖,高攀编著.—北京:中国标准出版社,2018.3

ISBN 978-7-5066-8873-4

Ⅰ.①生… Ⅱ.①胡… ②高… Ⅲ.①生物能源—发电—仿真 Ⅳ.①TM619

中国版本图书馆CIP数据核字(2018)第000375号

中国质检出版社
中国标准出版社 出版发行

北京市朝阳区和平里西街甲2号(100029)
北京市西城区三里河北街16号(100045)

网址:www.spc.net.cn
总编室:(010)68533533 发行中心:(010)51780238
读者服务部:(010)68523946

中国标准出版社秦皇岛印刷厂印刷
各地新华书店经销

*

开本 787×1092 1/16 印张 11 字数 193 千字
2018年3月第一版 2018年3月第一次印刷

*

定价 45.00 元

世界生物质发电起源于20世纪70年代,当时,世界性的石油危机爆发后,丹麦开始积极开发清洁的可再生能源,大力推行秸秆等生物质发电。自1990年以来,生物质发电在欧美许多国家开始大发展。我国是一个农业大国,生物质资源十分丰富,各种农作物每年产生秸秆6亿多吨,其中可以作为能源使用的约4亿吨,全国林木总生物量约190亿吨,可获得量约为9亿吨,可作为能源利用的总量约为3亿吨。如加以有效利用,开发潜力将十分巨大。

根据国家“十三五”规划纲要提出的发展目标,已公布的《可再生能源中长期发展规划》也确定了到2020年生物质发电装机1 500万千瓦的发展目标。此外,国家已经决定,将安排资金支持可再生能源的技术研发、设备制造及检测认证等产业服务体系建设。总的说来,生物质发电行业有着广阔的发展前景。

仿真技术由于其有效性、可重复操作性、经济性和安全性的特点,日益显出其重要性和广泛应用性,通过系统仿真科学实现的电厂仿真培训系统,其培训效果在火力发电厂领域中被广泛认可,给电厂的安全、经济、稳定运行提供了有效保障。

以30 MW生物质直燃发电厂为原型,《生物质发电仿真实训》通过仿真机的操作了解发电厂的运行情况,加深对专业课的进一步理解,培养学生的动手能力和分析解决问题的能力,为今后的工作打下良好的基础。本课程的学习,需要熟悉生物质电厂热力设备和系统,了解单元机组冷态启动、单元机组热态启动和单元机组滑参数停机的过程,了解生物质电厂典型故障的特点及处理方法。了解系统的硬件组成、软件特点和它们的工作原理；掌握锅炉、汽轮机、集散控制系统和电气系统概况；熟悉各个画面内容及其功能关系；典型手操器的使用；掌握生物质电厂的启停过程；能对生物质电厂典型故障进行分析和处理。通过仿真实训的学习，学生对前期学的专业课能够有一个更深的认识，可以提前熟悉集控室的工作过程，本课程相当于一个初级的电厂培训，使学生入职后能够较快地投入到工作中。

本书涉及的内容，主要来源于北京四方继保自动化股份有限公司基于某 30 MW 生物质电厂开发的生物质发电仿真操作平台，以及该生物质电厂锅炉和汽轮机的部分运行规程。在此，特别感谢四方继保自动化股份有限公司仿真部周建章工程师，对书稿提出了许多宝贵的修改意见。

由于时间仓促，书中不足之处在所难免，诚恳欢迎读者批评指正。

编著者
2017.11

目录

第 1 章　平台使用说明 // 1

第 2 章　热机就地系统 // 31

第 1 章　平台使用说明

1.1　系统构成

仿真是一个模型或一套模型的形成和运行，这个简练的定义说明仿真与建模是不可分割的整体，没有模型就不能进行仿真。所谓模型，可以是物理模型，也可以是数学模型，还可以是数学—物理的混合模型，又称为半实物仿真。物理模型往往是仿真对象在相似理论指导下建立的模拟实体。数学模型，特别是连续过程的数学模型则常常可以用一组非线性偏微分方程和代数方程组组成的数学方程来表达。由于数字式计算机技术的发展，使用数学模型比使用物理模型更具有普遍性和灵活性。数学模型在计算机硬件和特别设计的软件仿真环境下，构成仿真系统，能复现出与实际过程完全一致的、真实性的虚拟真相。

系统构成示意图如图 1 - 1 所示。

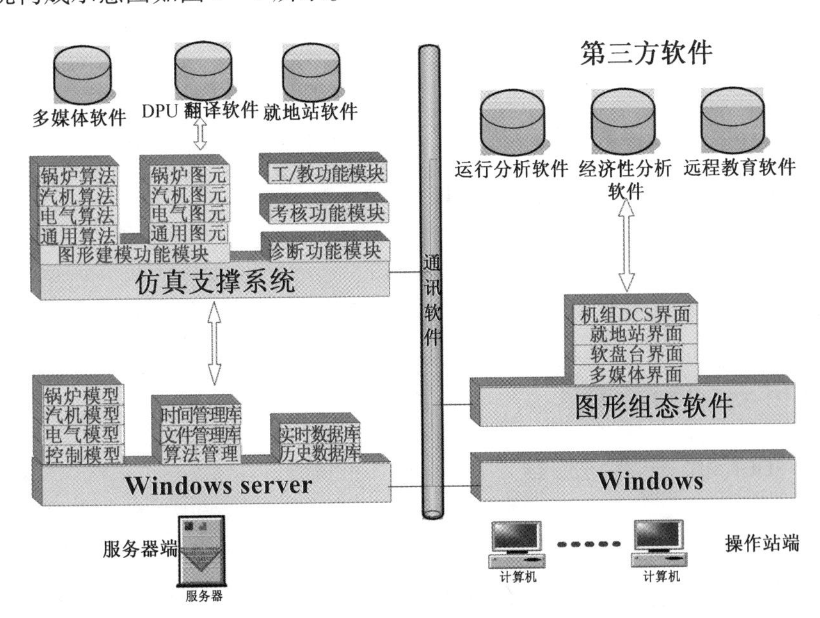

图 1 - 1　仿真系统构成示意图

1.2 仿真支撑平台

本仿真系统采用北京四方继保自动化股份有限公司(以下简称:北京四方)的 CSSP-2000 火电机组仿真培训系统,国内首家通过权威机构软件鉴定,鉴定结论:CSSP-2000 火电机组仿真培训系统设计合理,技术先进,计算分析结果正确,系统配置灵活、可维护性好、实用性强,整体水平居国内先进水平,其在线建模和在线调试技术达到国际先进水平。

CSSP-2000 火电机组仿真培训系统主要有以下两部分组成:

(1) CyberSim 图模库一体化通用仿真支撑平台

- 平台安装包:WIN-SIM-SVNSIMCONTROL-SETUP-R5348.exe
- 平台补丁包:WIN-SIM-BIN-PATCH-R5348-5600.exe
- 算法补丁包:WIN-SIM-ALG-PATCH-R5348-5600.exe

(2) CyberControl 通用组态软件

- 平台安装包:HMI_SETUP-R2367.exe
- 平台补丁包:WIN-HMI-SVNHMI-PATCH-R2367-9507.exe
- JAVA 环境包:WIN-FDCS-SVNHMI-PATCH-R2367-8043.exe

1.3 系统运行环境要求

- Windows 98/NT/2000/XP/7/server 2003/server 2008 操作系统
- 单 CPU 2 GHz(或以上)处理器
- SCADA 服务器和客户机最小 1GRAM
- 网络适配器以及 TCP/IP 网络通讯协议
- 带有 24 位彩色图形显示卡或更好的显示卡,显存最小 512MB

1.4 软件安装与卸载

1.4.1 CyberSim 安装与卸载

(1) 安装

使用四方继保自动化股份有限公司提供的正版软件,按照安装提示步骤逐步进行。

双击安装包程序(见图 1-2):

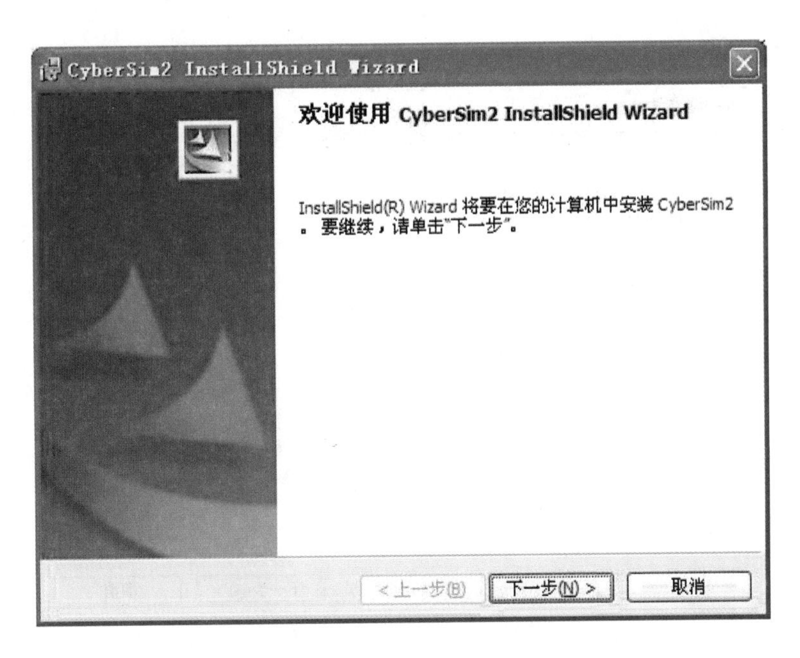

图1－2　欢迎 CyberSim 安装界面

单击“下一步”，提示各安装版本升级提示信息(见图1－3)。

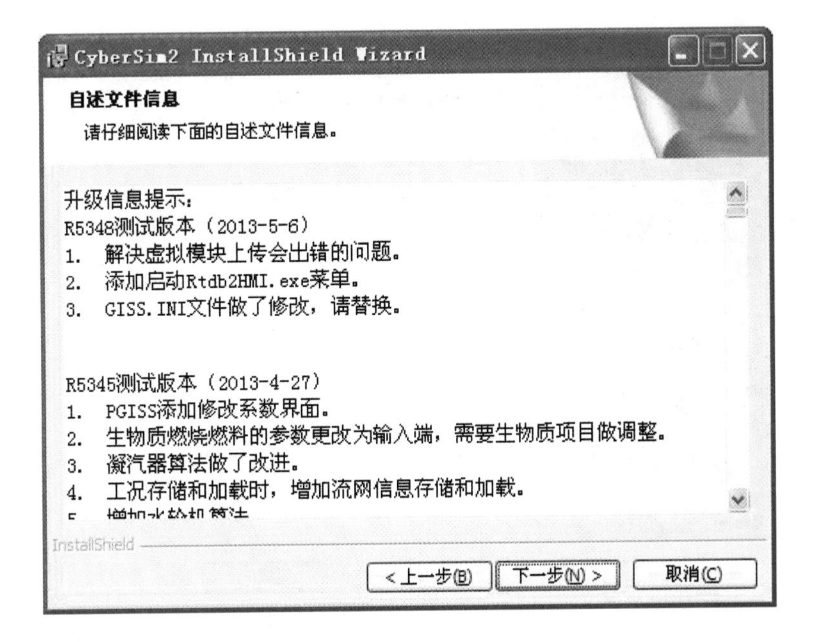

图1－3　CyberSim 安装过程自述文件信息

单击“下一步”，更改安装目录(见图1－4)。

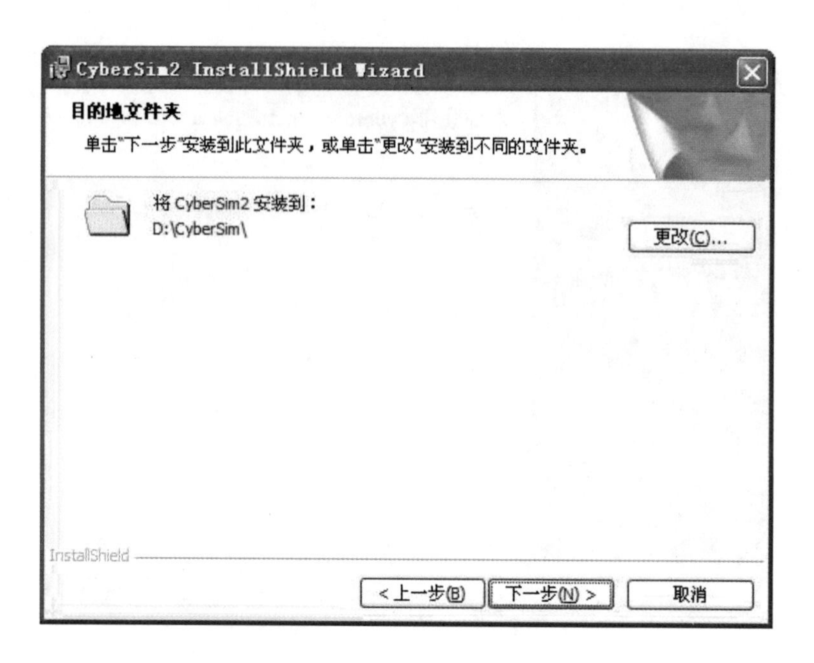

图 1－4　CyberSim 安装过程目的地文件夹信息

单击“下一步”,等待安装完成(见图 1－5)。

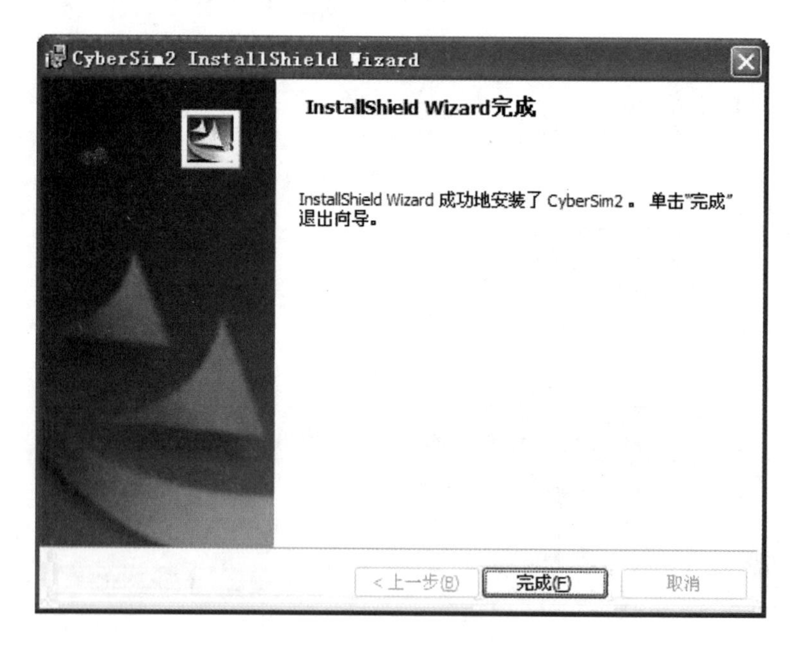

图 1－5　CyberSim 安装完成界面

警告

如果计算机上曾经安装过 **CyberSim** 上一版本软件，要求安装前卸载上一版本软件。

(2) 软件升级

软件升级目前有两种途径,一种是卸载前一版本并运行新版本软件安装包,另一种是安装对应版本补丁包。安装对应版本补丁包不需要卸载以前的安装版本,直接运行补丁包即可。

软件升级有平台和算法两个补丁包,升级时请注意版本是否对应。

① 平台补丁包

双击对应版本平台补丁包程序(见图1-6)。

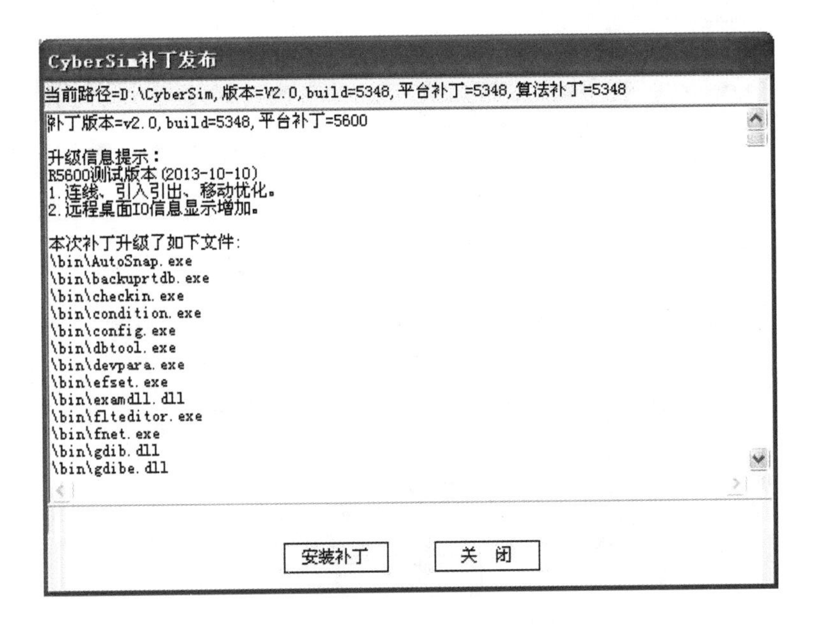

图1-6 CyberSim平台补丁安装界面

在对话窗中显示了本次补丁升级信息,单击"安装补丁"按钮进行安装(见图1-7)。

图1-7 CyberSim平台补丁安装完成界面

② 算法补丁包

双击对应版本算法补丁包程序(见图1-8)。

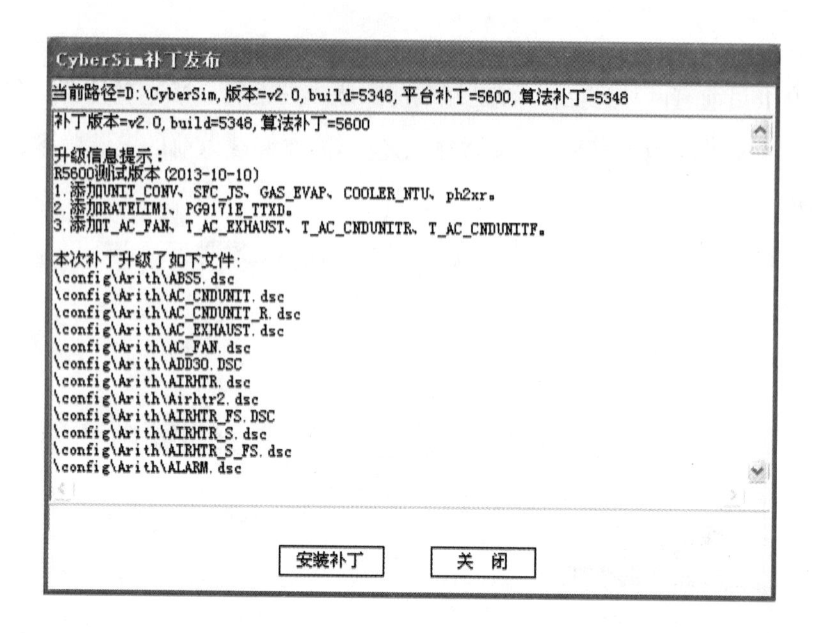

图1-8　CyberSim算法补丁安装界面

在对话窗中显示了本次补丁升级信息,单击“安装补丁”按钮进行安装(见图1-9)。

图1-9　CyberSim算法补丁安装完成界面

(3)卸载

在“\「开始」菜单\程序\北京四方股份\CyberSim2”菜单中,卸载对应版本软件(见图1-10)。

图1-10　CyberSim算法卸载界面1

单击“确定”后开始卸载(见图1-11)。

图1-11　CyberSim 算法卸载界面2

1.4.2　CyberControl 安装

(1) 安装

使用四方继保自动化股份有限公司提供的正版软件,按照安装提示步骤逐步进行。双击安装包程序(见图1-12)。

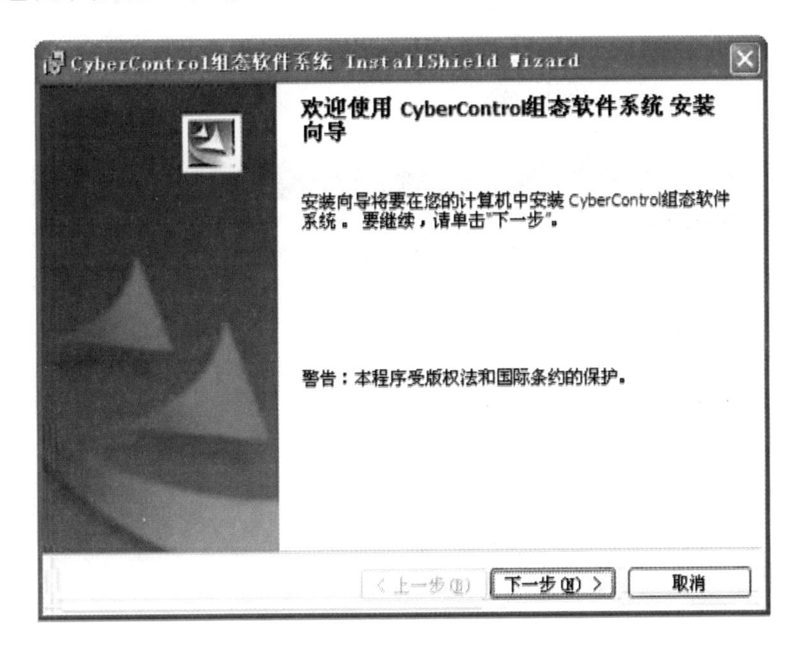

图1-12　CyberControl 安装界面1

点击下一步,输入用户信息(见图1-13),可缺省。

CyberControl组态软件系统 InstallShield Wizard

用户信息

请输入您的信息。

用户姓名(U)：

微软用户

单位(O)：

微软中国

此应用程序的使用者：

使用本机的任何人(A)(所有用户)

仅限本人(M)(微软用户)

InstallShield

＜上一步(B)　下一步(N)＞　取消

图 1-13　CyberControl 安装界面 2

点击下一步，更改安装路径（见图 1-14）。

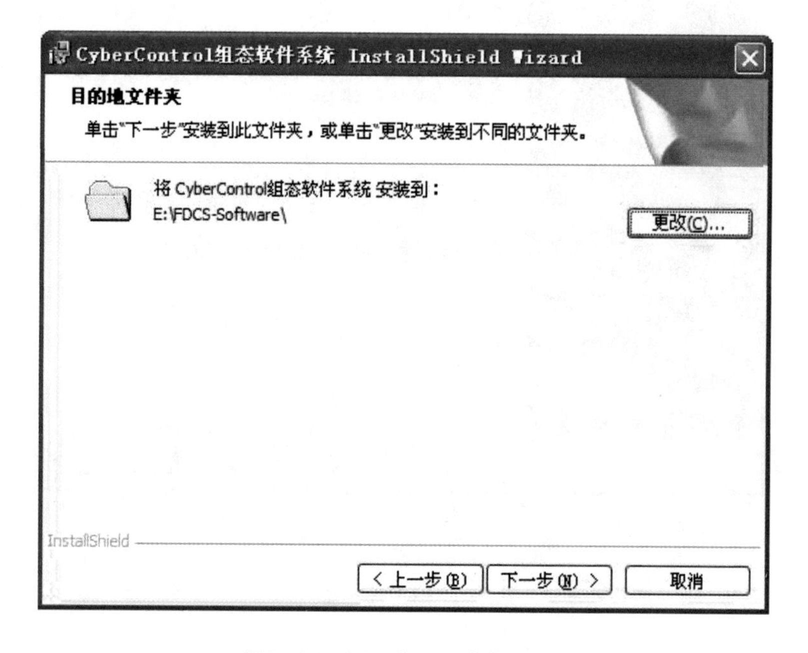

图 1-14　CyberControl 安装界面 3

点击下一步。

点击安装（见图 1-15），等待安装完成（见图 1-16）。

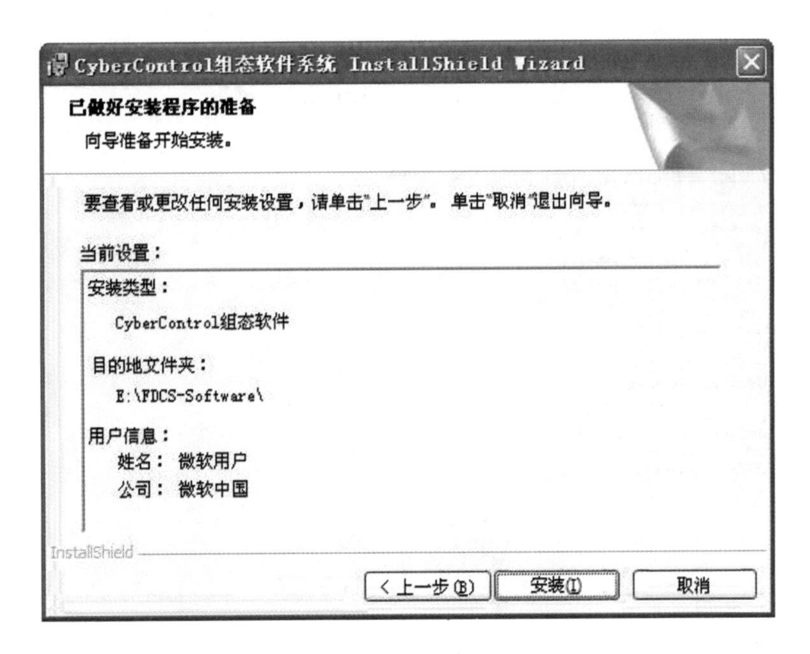

图1－15　CyberControl 安装界面 4

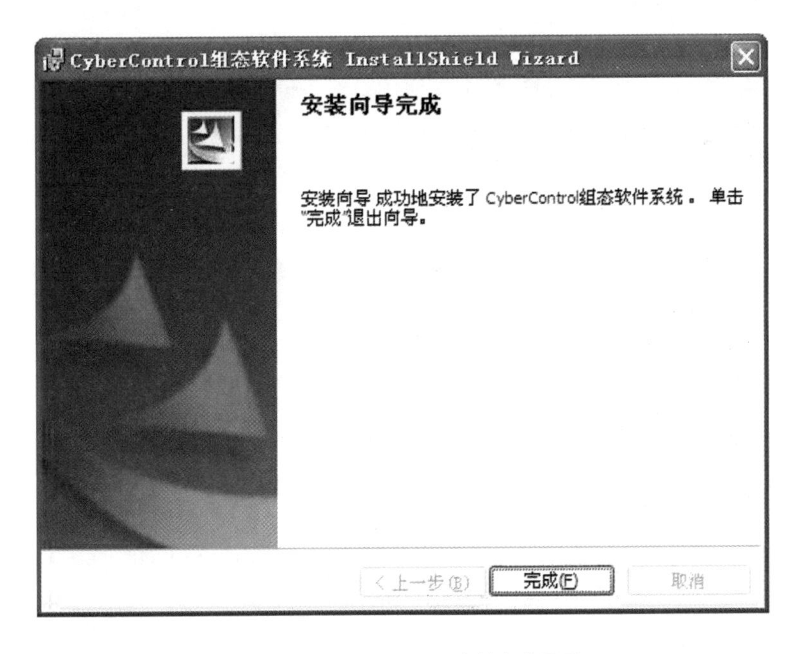

图1－16　CyberControl 安装完成界面

软件升级，双击对应版本平台补丁包程序（见图1－17）。

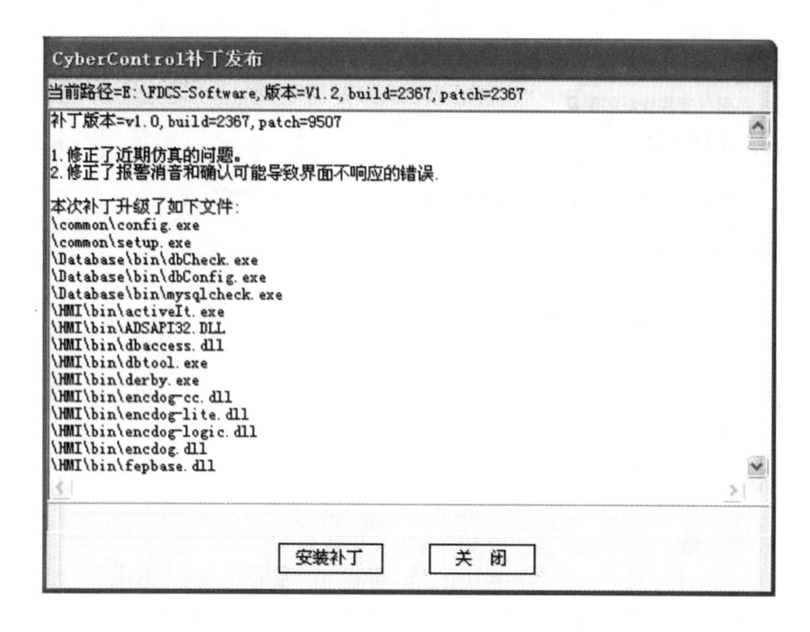

图 1-17 CyberControl 安装补丁界面

点击安装补丁,完成安装(见图 1-18)。

图 1-18 CyberControl 安装补丁完成界面

JAVA 环境补丁:双击 JAVA 补丁包程序(见图 1-19)。

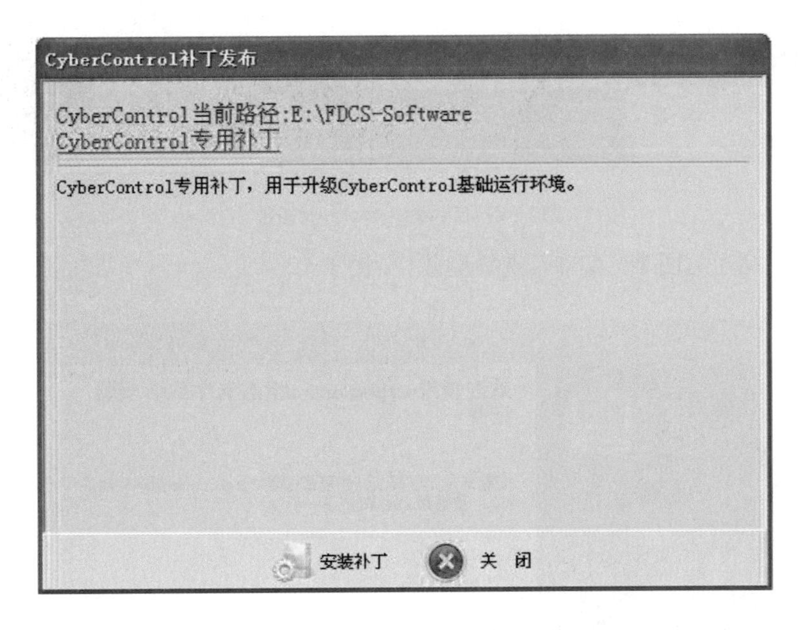

图1－19　CyberControl安装JAVA环境补丁界面

点击安装补丁,完成安装(见图1－20)。

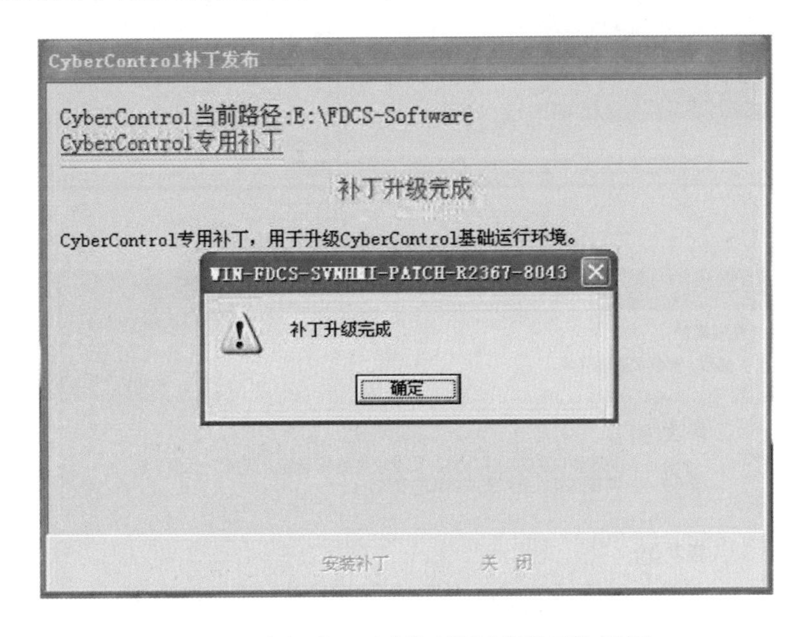

图1－20　CyberControl安装JAVA环境补丁完成界面

(2)卸载

卸载CyberControl系统软件系统,可以选择开始程序组:四方博能－CyberControl－卸载,系统将自动完成对软件所有模块的卸载工作,按照卸载提示步骤逐步进行(见图1－21)。

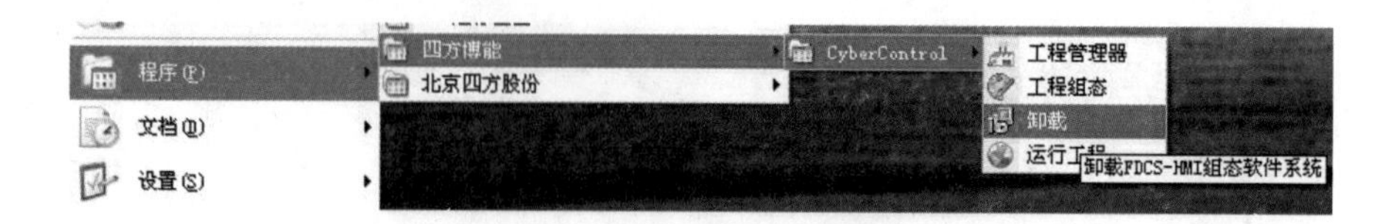

图1－21　CyberControl 卸载路径

点击下一步(见图1－22)后,选择删除(见图1－23)。

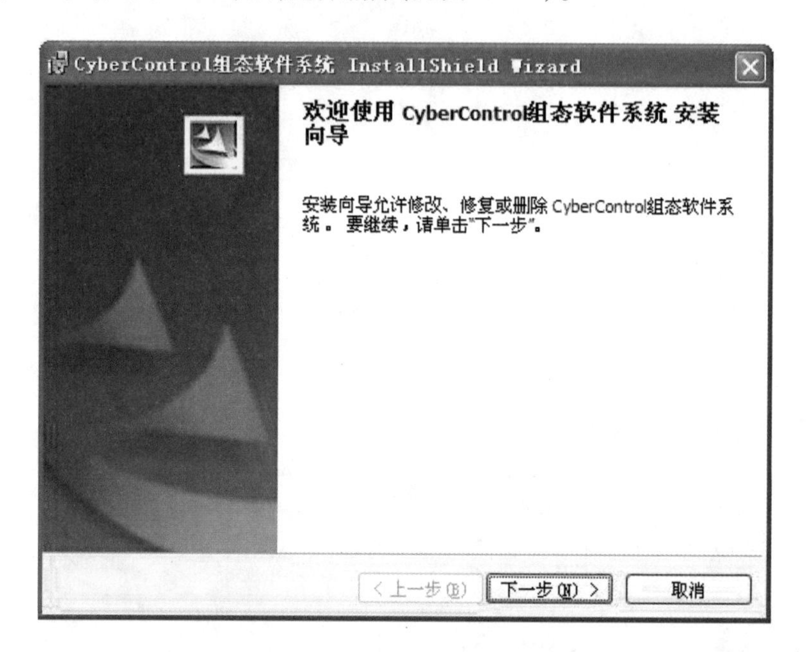

图1－22　CyberControl 卸载界面1

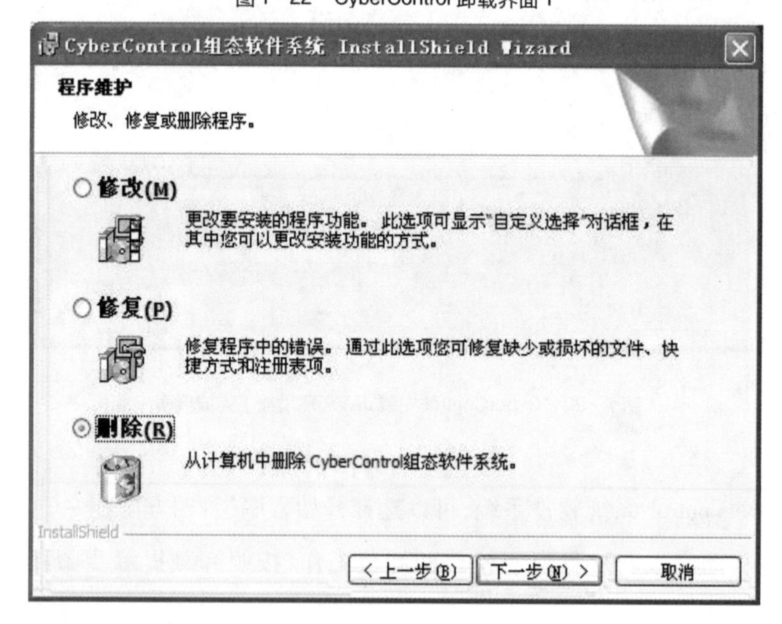

图1－23　CyberControl 卸载界面2

点击下一步。

点击删除(见图1-24),等待完成卸载(见图1-25)。

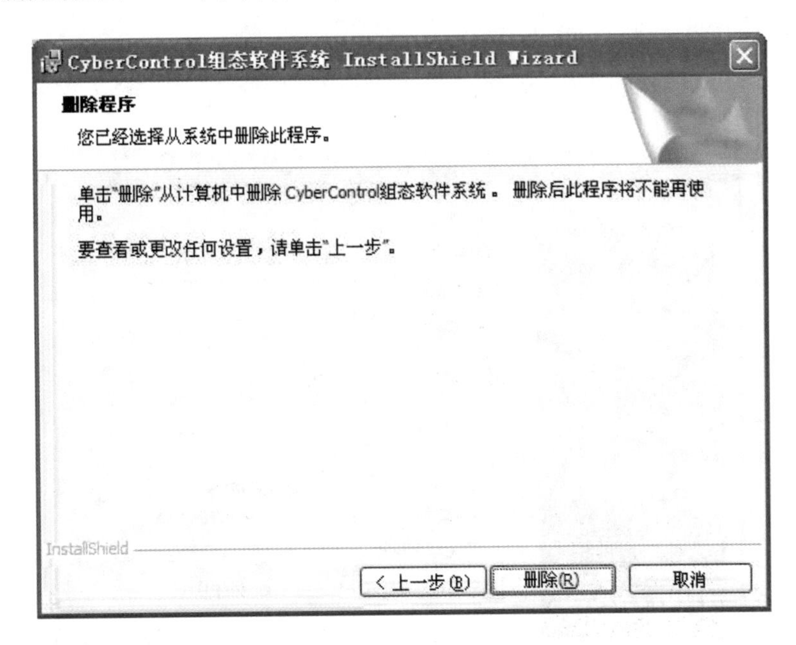

图1-24 CyberControl 卸载界面3

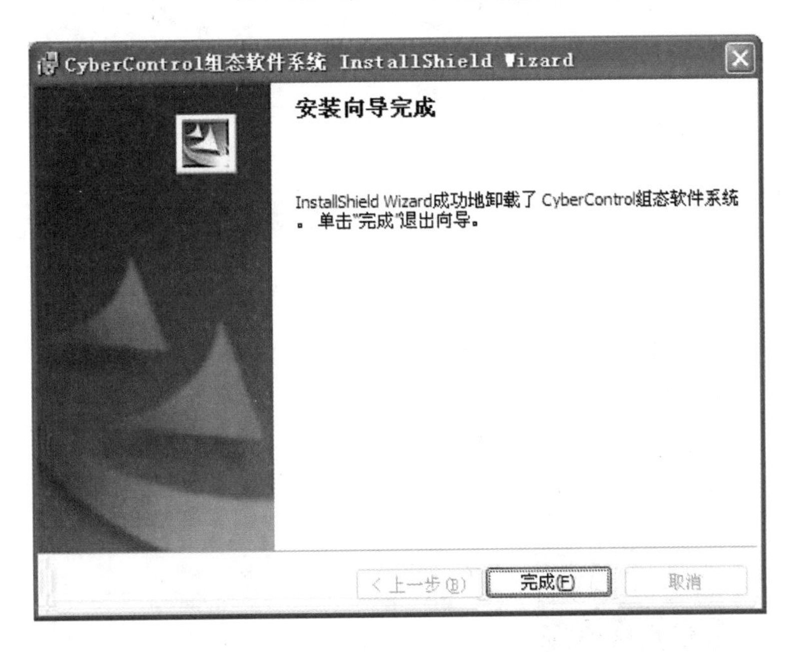

图1-25 CyberControl 卸载界面4

(3) 微狗和网络狗 Windows 驱动安装

为了保护北京四方知识产权,运行系统软件的每一台计算机上必须安装一个硬件加密锁。软件加密锁分为并口和 USB 通用串口两种类型,运行软件时必须把加密锁插在您的计算机的打印并口或USB通用串口上。如果运行过程中软件监测不到硬件加密锁会发出警告信息提示，此时软件只能在演示方式下运行，根据计算机接口情况选择驱动类型并进行安装、卸载、检测或退出。

单击“安装”，显示如图1－26所示。

图1－26　微狗和网络狗Windows驱动安装界面

单击“卸载”，如图1－27所示。

图1－27　微狗和网络狗Windows驱动卸载界面

单击“检测”，会提示“已安装过本版本的驱动”或“没有安装驱动程序”，如图 1 - 28 所示。

图 1 - 28　微狗和网络狗 Windows 驱动检测界面

1.5　工程备份恢复

1.5.1　CyberSim 工程恢复

- 确认计算机已安装了 CyberSim 平台，并确定平台处于未启动状态。
- 确认在 Windows 任务管理器的进程中没有 mysqld_pexam. exe 和 simsvr. exe 在运行。
- 整体把安装路径下的 CyberSim 文件夹删除。
- 将备份的工程文件 CyberSim 文件夹拷贝至原安装路径下即可。

1.5.2　CyberControl 工程恢复

- 确认计算机已安装了 CyberControl 平台。
- 若平台为新安装的，需在安装路径\FDCS - Software\HMI 下新建名为 project 文件夹，将备份的工程文件“生物质仿真 HMI”文件夹拷贝至 project 文件夹下即可。

1.6 工程启动

1.6.1 CyberSim 工程启动与退出

1.6.1.1 配置程序 config. exe

存放目录:“..\CyberSim\bin\”。

配置说明:

(1) 运行 config. exe,选择服务器配置(见图 1-29)。

图 1-29 选择服务器配置

服务器设置,选中并设置对应 IP 计算机为网络模型服务器和 MySQL 服务器。

服务器设置中可指定客户端,指定后点击客户端时,直接启动相应界面,否则由客户端自选。

(2) 运行 config. exe,选择参数配置(见图 1-30)。

➢ 参数配置,根据描述,配置相应项。

➢ 第 5 项配置,常规均不配置,值为“no”,若各数据区的工程需要协调运行时配置。

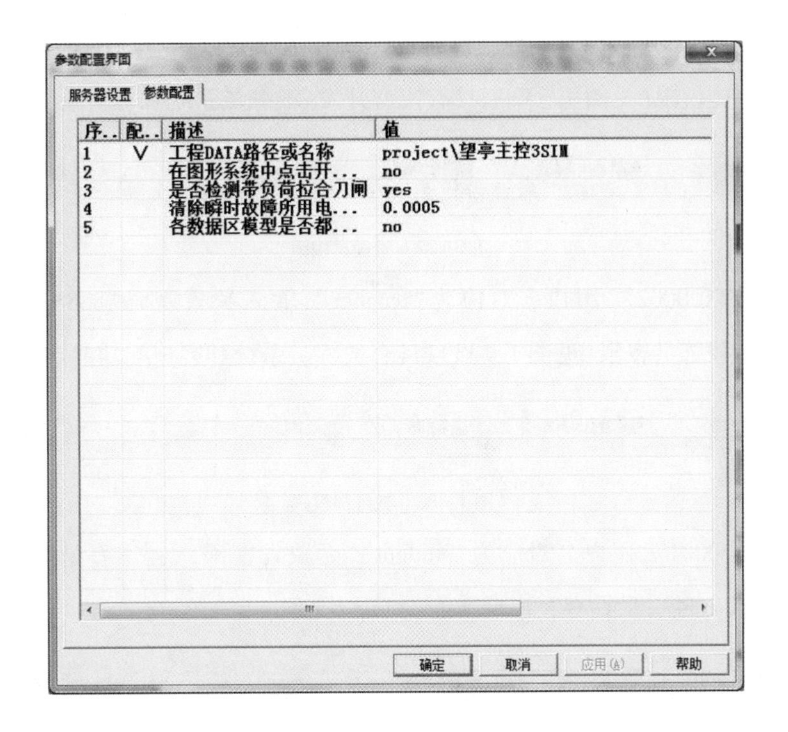

图1－30　选择参数配置

1.6.1.2　用户登录程序 SSLogin. exe

存放目录:“..\CyberSim\bin\”。

启动方式1:..\CyberSim\bin\SSLogin. exe。

启动方式2:开始—程序—北京四方股份—CyberSim2—用户登录。

运行用户登录程序,不同的用户有不同的权限,如图1－31所示。

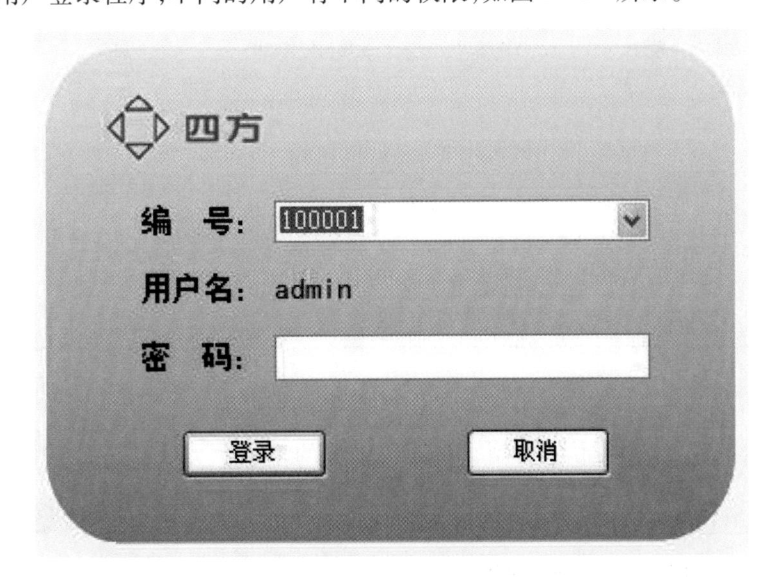

图1－31　用户登录界面

编号选择“100001”,用户名对应为“admin”,输入缺省密码“8888”后,点击“登录”,此权限为管理员权限(见图1－32),具有模型开发、教练员系统和客户端功能。

图1－32　管理员权限

编号选择“100002”,用户名对应为“teacher”,输入缺省密码“8888”后,点击“登录”,此权限为教练员权限(见图1－33),具有教练员系统和客户端功能。

图1－33　教练员权限

编号选择“0001”,用户名对应为“student”,无缺省密码,点击“登录”,此权限为学员权限(见图1－34),只具有客户端功能。

图1－34　学员权限

1.6.1.3　模型开发

➢ 通过管理员权限登录,点击“模型开发”,弹出界面如图1－35所示。

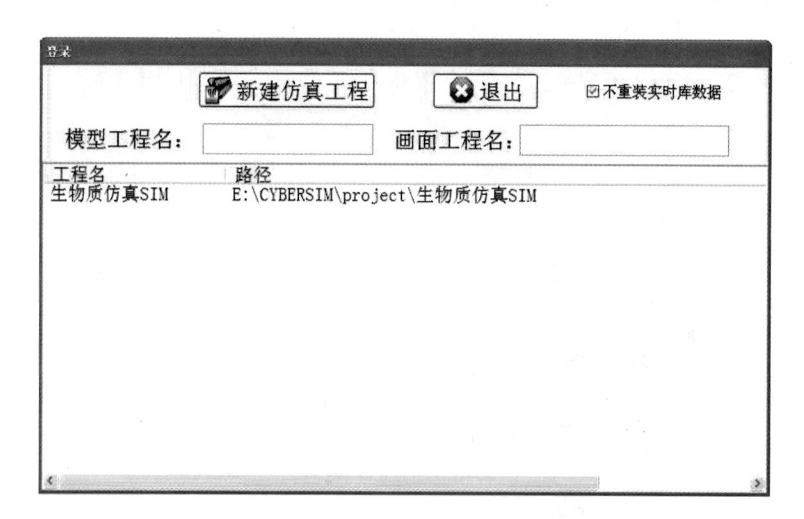

图1－35　模型开发界面

➢ 双击工程“生物质仿真SIM”,弹出界面如图1－36所示。

若为新建立的模型站,请重新装实时数据库,☑不重装实时库数据为不重装实时数据库,☐不重装实时库数据为重新装实时数据库,重新装时,请“确定”随后的提示弹出窗口。

图 1－36　模型开发运行界面

- 打开模型，弹出界面如图 1－37 所示。

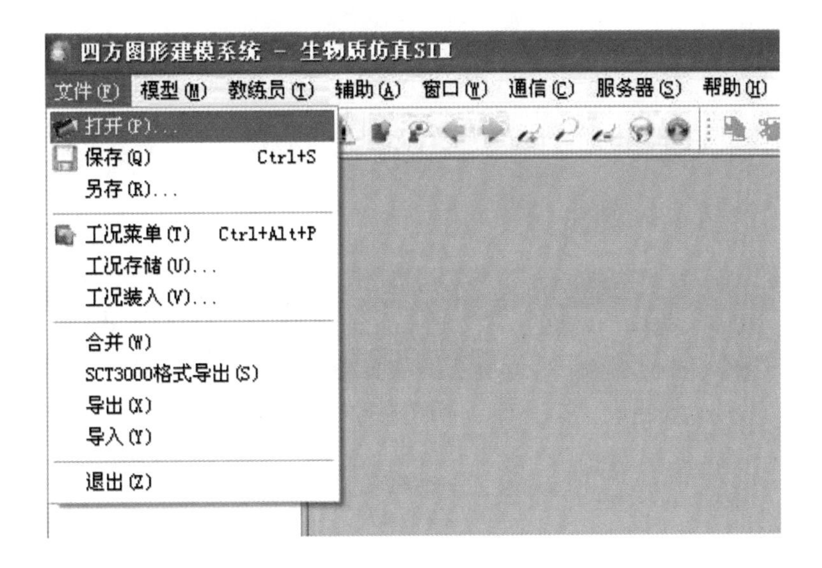

图 1－37　打开模型操作

- 选择正确的模型并打开，弹出界面如图 1－38 所示。

图 1-38　选择模型操作

➢ 模型联盘,弹出界面如图 1-39 所示。

通过“辅助”下拉菜单的模型联盘和模型脱盘或直接点击图标来完成联盘、脱盘操作,图标表示脱盘状态,表示为联盘状态,并确定弹出的提示窗口。

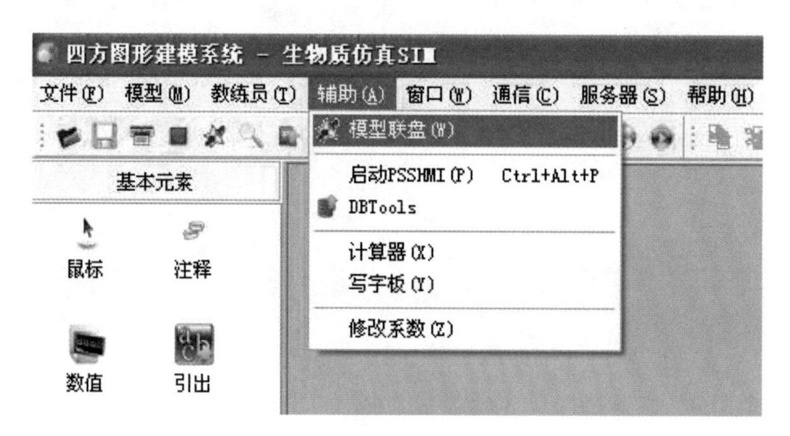

图 1-39　模型联盘操作

➢ PSS 启动,弹出界面如图 1-40 所示。

通过直接点击和来完成 PSS 的启动、停止操作,图标表示 PSS 停止状态,图标表示 PSS 启动状态。

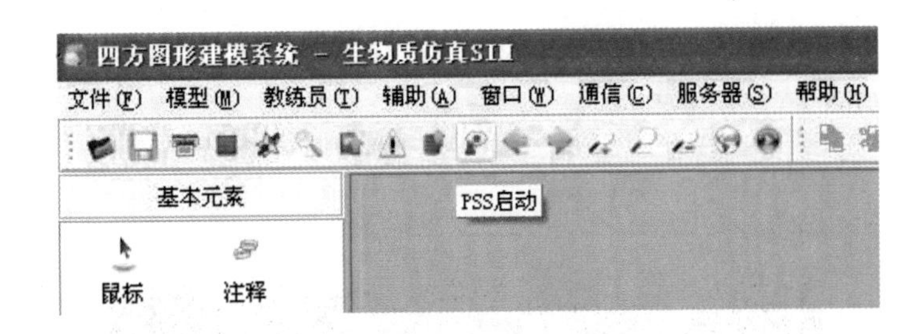

图 1－40　PSS 启动操作

➢ 启动通信，弹出界面如图 1－41。

通过“通信”下拉菜单选择“启动 SIM2HMI”，启动成功后仿真通信服务程序标志“”会在 Windows 的“通知区域”里显示，模型开发系统退出时仿真通信服务程序会自动退出，单独退出时请在通知区域中鼠标右键点击通信服务程序，选择“退出”。

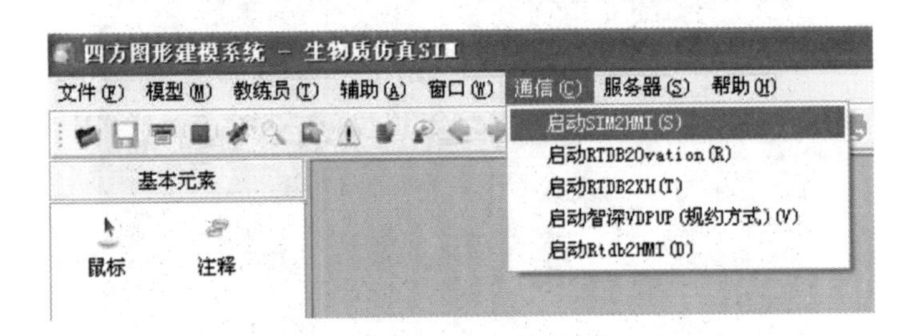

图 1－41　启动通信操作

警告

若本机需要启动客户端，必须先启动仿真通信服务程序。

➢ 选择工况，弹出界面如图 1－42 所示。

通过“文件”下拉菜单选择“工况菜单”。

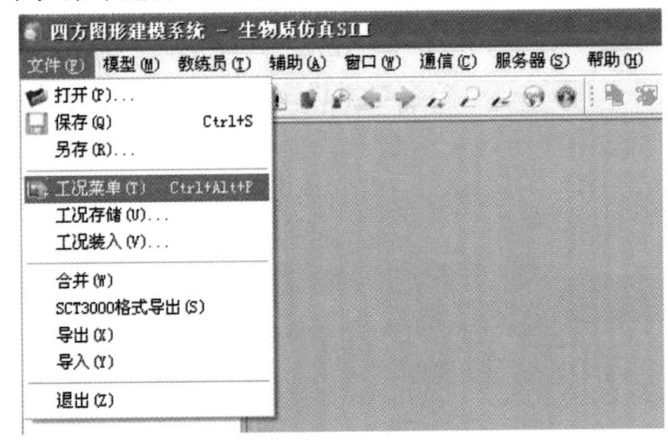

图 1－42　选择工况操作

根据培训需求点击“装入”可调用被选工况点，通过“存储”也可以将自己制作的工况点保存，如图1－43所示。

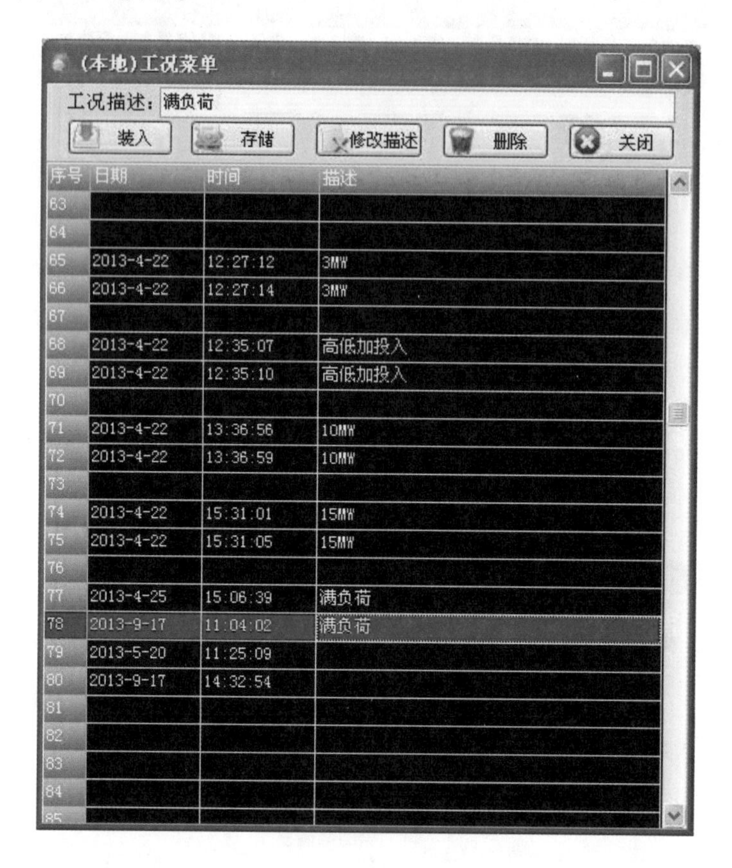

图1－43　工况菜单

1.6.2　CyberControl 工程启动与退出

1.6.2.1　工程管理器

启动方式1：桌面快捷方式。

启动方式2：开始—程序—四方博能—CyberControl—工程管理器。

如图1－44所示。

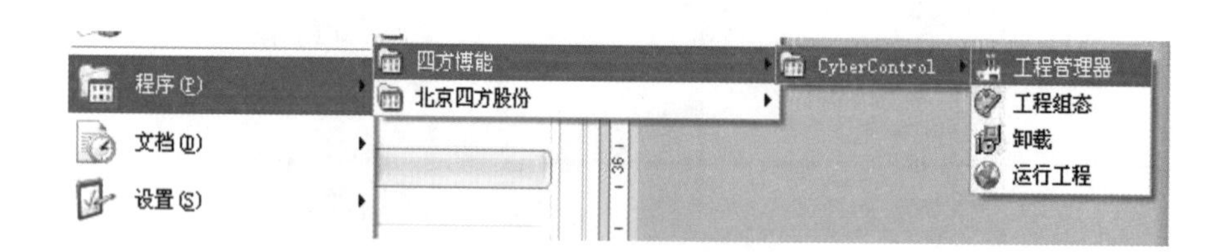

图1－44　运行工程管理器的两种方式

选择工程“SIM生物质仿真HMI”，并选择“单机版”后，点击“运行工程”即可，如

图 1－45所示。

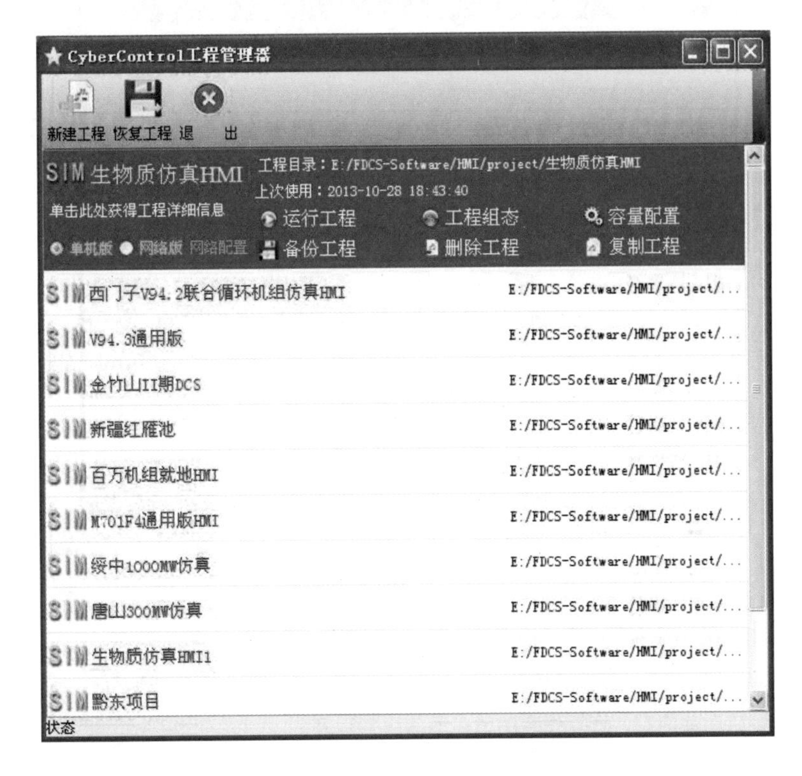

图 1－45　运行工程管理器

退出方式：在程序—运行下输入“stopall”后，点击“确定”，如图 1－46 所示。

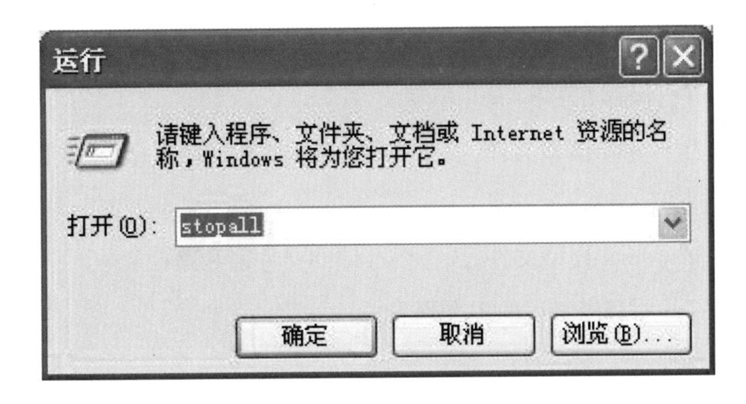

图 1－46　运行工程管理器退出方式

1.6.2.2　客户端

启动：点击客户端，选择需要连接的模型服务器后，点击“启动 HMI”，如图 1－47 所示。

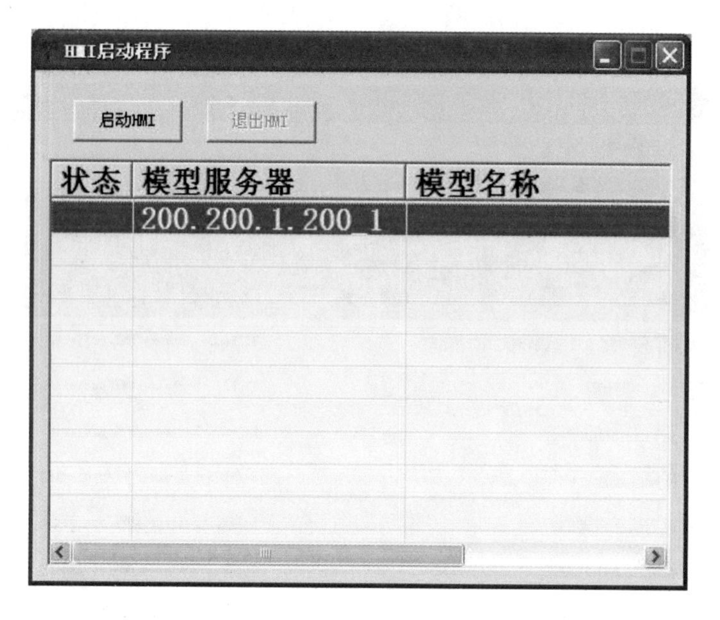

图1－47　启动客户端

退出：点击“退出 HMI”即可退出。

警告

若本机需要启动客户端，必须先启动仿真通信服务程序。

1.7　CyberSim 界面说明

（1）文件（见图1－48）

打开…：打开已经存在的 *.mdl 模型文件。

存盘：存储为 *.mdl 模型文件，如果文件存在，则直接存储；如果文件不存在，提示输入文件名和路径后存储。

另存…：存储 *.mdl 模型文件，选择要存储的文件名和路径。

工况菜单：打开所有该工程的工况列表。

工况存储…：保存工况信息。

工况装入…：装载已存在的工况文件。

合并：将多个模型文件合并成一个模型文件。

导出：将模型文件导出为文本文件。

导入：将文本文件导入到系统中。

退出：关闭系统。

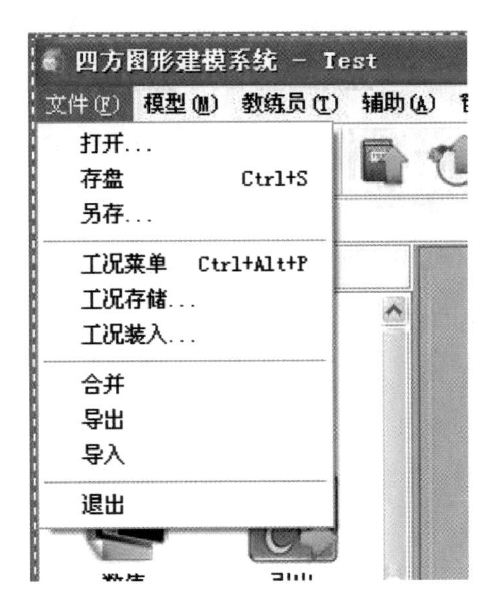

图 1-48　文件菜单

(2) 模型(M)(见图 1-49)

模型运行/暂停:点击后模型如果是运行态变为暂停态,如果是暂停态则变为运行态。

装载 SCT 库:装载 SCT 库。

上传到服务器:将本地的本工程数据上传到服务器中。

画面管理:打开页面的列表。

清除模型:关闭当前的模型并且不退出系统。

导出无源变量:将黑变量导出到文件中。

模块列表:模块,变量名及算法查找列表。

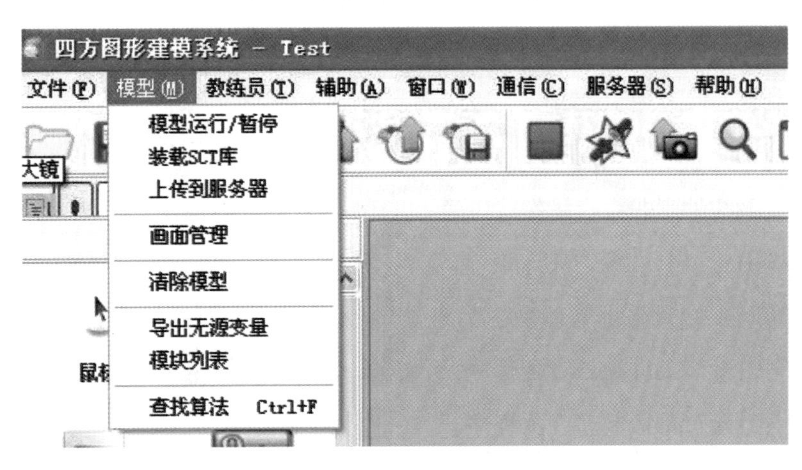

图 1-49　模型菜单

(3) 教练员(T)(见图1-50)

启动教练员系统:启动教练员系统。

变速控制:设置算法运行速率窗口。

抽点/回退:抽点和回退操作窗口。

动态参数监视:观察某个或某些变量值变化的窗口。

曲线显示:一些变量值变化的曲线。

故障处理:故障列表窗口。

重演管理:操作重演列表窗口。

消息面板:操作平台时产生的一些信息(出错或者成功等),在本窗口中可以查看。

I/O 数据跟踪:输入输出变量值列表。

故障转换:故障处理管理窗口。

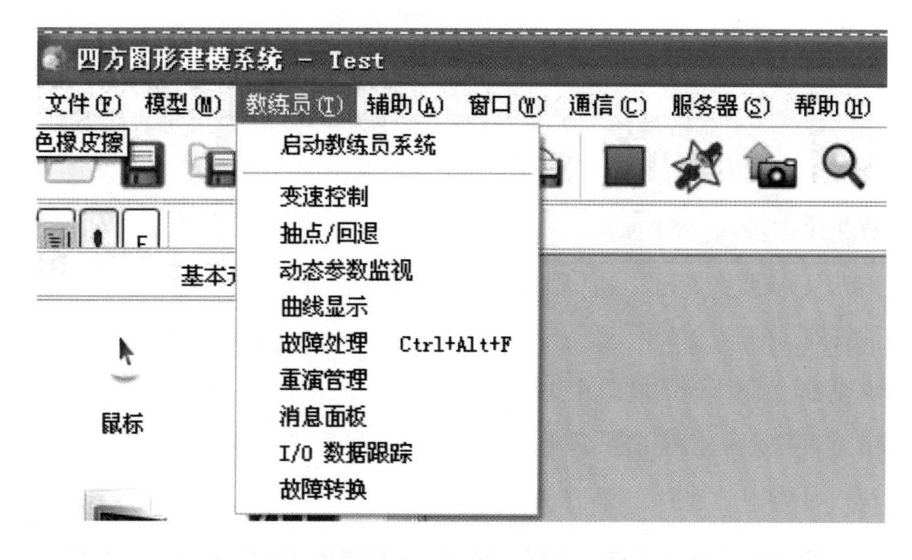

图1-50 教练员菜单

(4) 辅助(A)(见图1-51)

联盘:使系统处于联盘操作状态。

脱盘:使系统处于非联盘操作状态。

启动 PSSHMI:启动 PSSHMI 程序。

启动 DBTool:启动数据管理程序。

计算器:启动 Windows 计算器程序。

写字板:启动 Windows 写字板程序。

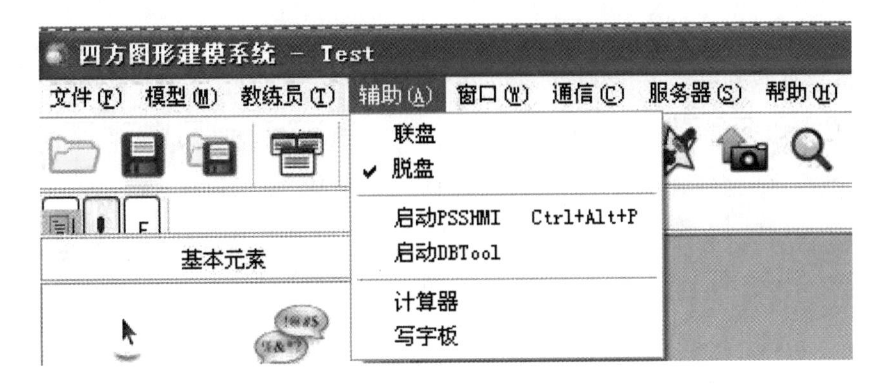

图1-51　辅助菜单

(5) 窗口(W)(见图1-52)

平铺:打开多个页面窗口时,多个页面窗口平均分布在整个平台窗口中。

层叠:打开多个页面窗口时,多个页面窗口以重叠的方式出现在平台窗口中。

关闭所有页面:关闭平台中打开的所有页面窗口。

工具条:选中则显示菜单下方的工具条,不选中则不显示下方的工具条。

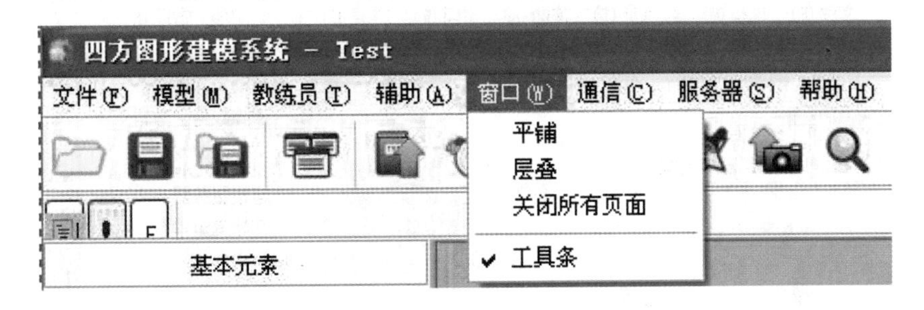

图1-52　窗口菜单

(6) 通信(C)(见图1-53)

启动 SIM2HMI:启动 CyberSim 和 HMI 通信的程序。

启动 RTDB2Ovation:启动实时库和 Ovation 通信程序。

启动 RTDB2XH:启动实时库和新华的通信程序。

启动智深 VDPUP:启动智深的 VDPU。

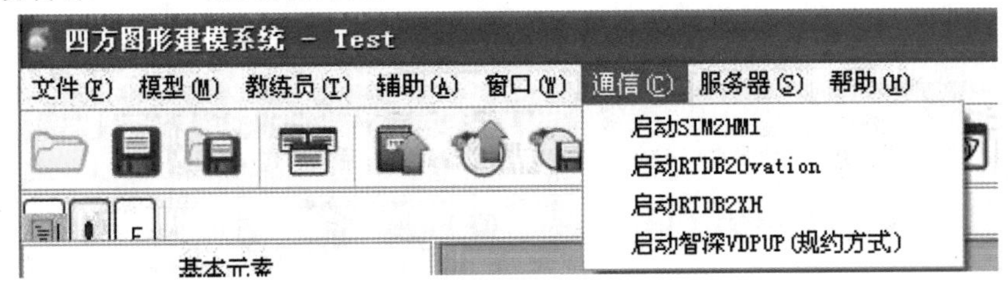

图1-53　通信菜单

(7) 服务器(S)(见图1－54)

设置:选择服务器位置和数据区。

启动仿真服务:启动仿真服务器程序。

清除数据区数据:清除服务器上数据区的数据。

下载工况:将服务器上的工况下载到本机。

连接服务器:连接到服务器,数据显示及操作都来源于服务器。

初始变量索引:在变量查找前需要进行一次变量索引的初始化。

变量查找:查找服务器上的变量。

启动:启动服务器上的工程。

工况菜单:服务器上的工况菜单列表显示。

抽点/回退:对服务器上数据进行抽点和回退操作。

实时库备份:备份服务器上实时库数据。

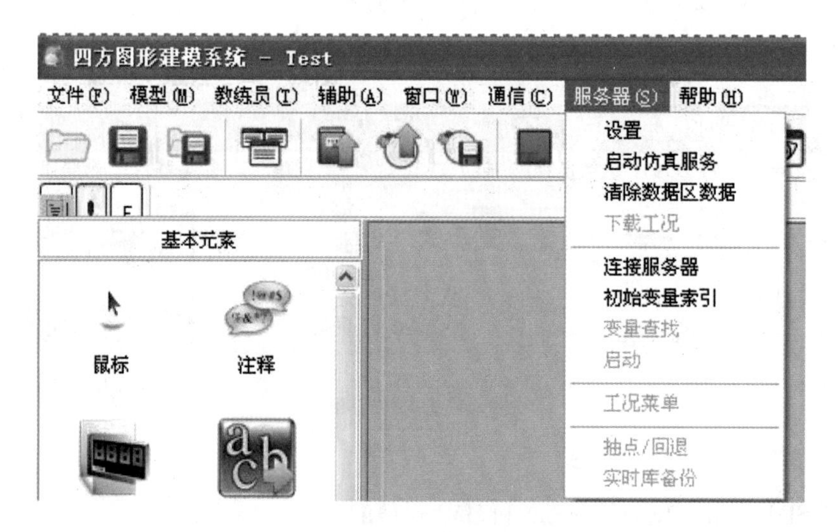

图1－54　服务器菜单

(8) 帮助(H)(见图1－55)

版本信息…:显示该平台的版本信息。

关于:显示该平台的相关信息。

图1－55　帮助菜单

(9) 工具条

1)

“文件\打开”的快捷方式。

2)

“文件\存盘”的快捷方式。

3)

“文件\另存...”的快捷方式。

4)

“模型\画面管理”的快捷方式。

5)

“文件\工况菜单”的快捷方式。

6)

“文件\导入”的快捷方式。

7)

“文件\导出”的快捷方式。

8)

“模型\模型运行/暂停”的快捷方式。

9)

“辅助\联盘”的快捷方式。

10)

“教练员\抽点(回退)”的快捷方式。

11)

“模型\模块列表”的快捷方式。

12）

“教练员\变速控制”的快捷方式。

13）

“教练员\I/O 数据跟踪”的快捷方式。

14）

“教练员\故障处理”的快捷方式。

15）

“辅助\启动 DBTools”的快捷方式。

16）

启动/停止潮流计算。

17）

翻页，上一页。

18）

翻页，下一页。

19）

“服务器\连接服务器”的快捷方式。

20）

“服务器\启动仿真服务器”的快捷方捷方式。

第 2 章　热机就地系统

热机是能源动力方面的通称，在电厂内主要是指锅炉和汽轮机的相关本体和辅机设备。“就地”指被控制设备所在地的控制，就是在现场控制。电厂的安全运行，主要从两个角度来保证，一个方面是热机就地的相关阀门操作，一个是 DCS 控制室内相关仪表键盘阀门的操作。以下各热机就地系统按照仿真实训平台内出现的顺序展开介绍。

2.1　主蒸汽系统

主蒸汽系统包括从锅炉过热器出口联箱至汽轮机进口主汽阀的主蒸汽管道、阀门、疏水装置及通往用新汽设备的蒸汽支管所组成的系统。

如图 2-1 所示，未达到蒸汽参数要求时，为了保证汽轮机的安全，不进入汽轮机，而是通过汽轮机的总旁路，直接进入凝结器。达到参数要求的蒸汽，可以通过主蒸汽管道，进入汽轮机。在主蒸汽管道上，布置了一系列的蒸汽阀门，蒸汽进入汽轮机前，需要保证主蒸汽管道畅通，开通所有相应阀门。

从图 2-1 可以看到，汽轮机内布置了六段抽汽，其中一、二段抽汽分别进入#1 高压加热器、#2 高压加热器，三段抽汽进入除氧器，四、五、六段抽汽分别进入#4、#5、#6 低压加热器。同时，还需要注意蒸汽流向上一些分支，如三抽去除氧器的同时，有一部分可以通向均压箱。从一段抽汽，到六段抽汽，蒸汽参数逐级降低。

2.2　凝结水系统

汽轮机的凝结水，指的是在汽轮机中做过功的蒸汽在凝汽器中凝结成液态的水。而汽轮机的凝结水系统严格来说应该从汽轮机的凝汽器开始，经热水井、凝结水泵、轴封加热器、低压加热器到除氧器。但广义上的凝结水系统，只包括凝结水泵出口到除氧器的这段距离，凝结水所经过的流程。

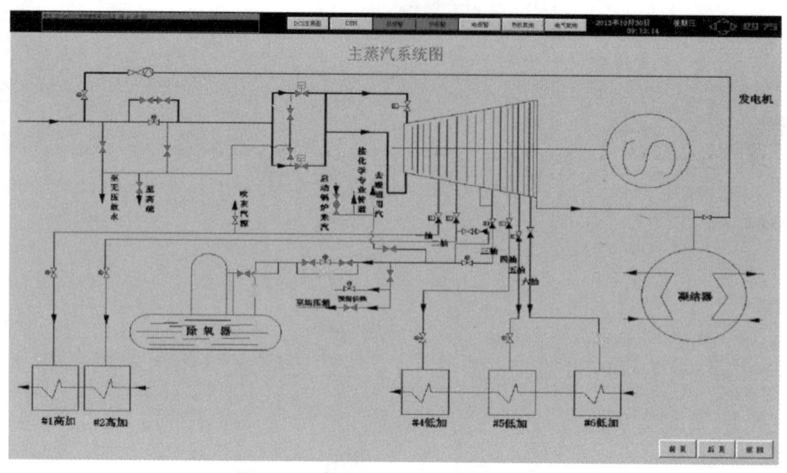

图2-1　热机就地——主蒸汽系统

如图 2-2 所示,该仿真平台上热机就地中对应的就是广义上的凝结水系统。对于整个水循环系统,由于存在排污、跑冒、滴漏等现象,需要补给水。凝汽器中工质的源头,一部分是汽轮机做完功的乏汽,还有一部分是化学除盐来水,其中一部分化学除盐水会通入除氧器。凝汽器与凝结水泵之间,还有一部分凝结液可以通过热水井放水门排出。热水井的作用就是聚集凝结水,有利于凝结水泵的正常运行。热水井储存一定量的凝结水,保证甩负荷时不使凝结水泵马上断水。热水井的容积一般要求相当于满负荷时 0.5~1 min 内所聚集的凝结水流量。

当凝汽器上水完成,水位达到要求后,紧接着需要开通从凝汽器到除氧器过程的全部就地阀门,保证凝汽器内形成的凝结水能通过凝结水泵流入除氧器。这个过程工质流经凝结水泵、抽封加热器、6#低压加热器、5#低压加热器、4#低压加热器等设备,到达除氧器。

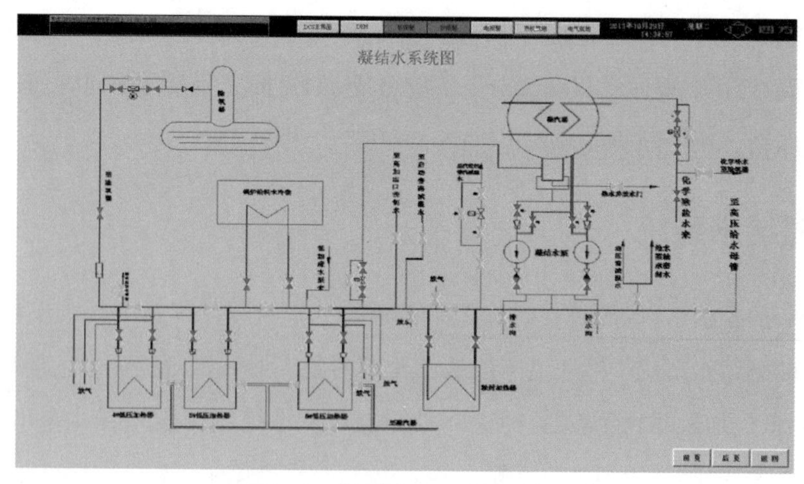

图2-2　热机就地——凝结水系统

2.3 给水除氧系统

主给水系统是指除氧器与锅炉省煤器之间的设备、管路及附件等，是主要热力循环中的一个重要组成部分。其主要作用是在机组各种负荷下，对主给水进行除氧、升压和加热，为锅炉省煤器提供符合参数要求的给水。

如图2-3所示，除氧器内工质来源，包括凝结水、三段抽汽、高加疏水、化学除盐水、给水泵再循环水这几部分。其中高加正常疏水，它是在高压加热器正常运行过程中把高加蒸汽冷凝过程中所产生的疏水排至除氧器。化学除盐水，一般这部分阀门没有开通，因为化学除盐水的温度较低，且是没有除过氧的水，将它直接补入除氧器内，必然造成除氧器的过负荷。另外，水温很低的水进入除氧器后，会引起水箱内水温的降低，加热不到其对应压力下的饱和温度，致使水中含氧量增加，达不到良好的除氧效果。

在电厂里，很多动力设备都是一备一用，这样当一台出现故障的时候另一台能够代替使用。如图2-3所示，设置了1#给水泵和2#给水泵，一般正常工作的时候只开一台即可。除氧器下游布置的疏水扩容器是将压力疏水管路中的疏水进行扩容降压，分离出蒸汽和疏水，将蒸汽引入换热器或除氧器中，充分利用其热能，而疏水则被引入疏水箱中定期送入给水系统。主要是降低压力，如果高压蒸汽直接进入凝汽器，容易引起凝汽器超压，通过它可以降低压力，避免超压，同时里面有的还有减温装置，可以降低温度。

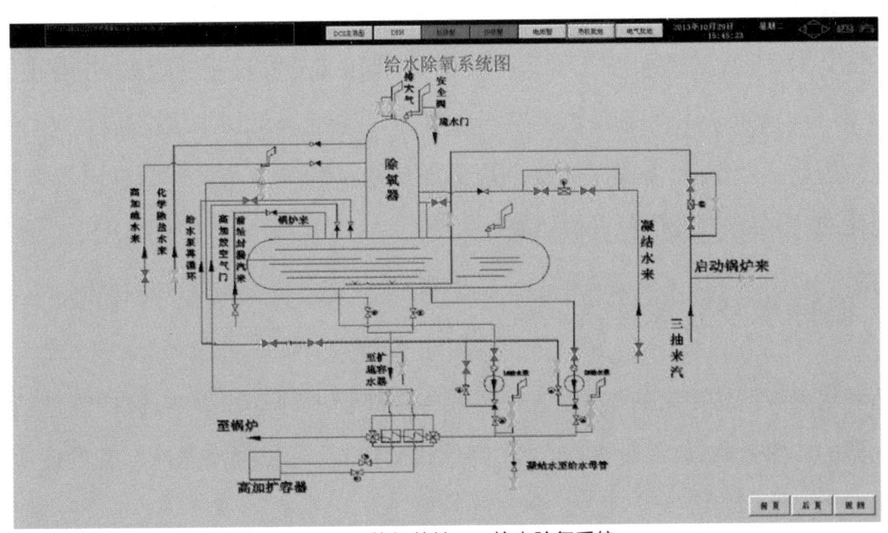

图2-3　热机就地——给水除氧系统

2.4　本体疏水系统

汽轮机本体疏水系统由自动主蒸汽门前的疏水、再热汽管道的疏水、各调节汽门前蒸汽管道的疏水、中压联合汽门前的疏水、导汽管道的疏水、高压汽缸的疏水、抽汽管道及止回前后的疏水及轴封管道的疏水等组成，如图 2－4 所示。

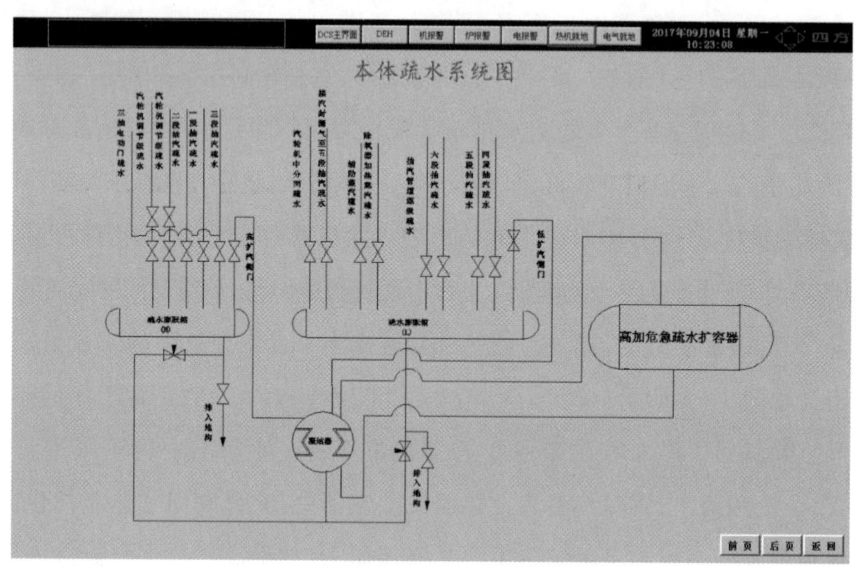

图2－4　热机就地——本体疏水系统

2.5　高低加疏水系统

如图 2－5 所示，在高低加正常运行时，不断排出高低加汽侧的疏水，并阻止加热蒸汽逸出，维持一定的水位和维持汽侧空间压力，而且防止高低加水位过高。

在主控制室操作前，需要保证整个高低加疏水系统中涉及设备的进出口介质能够很好地流通，不会出现阀门没开而堵塞。

2.6　循环水及胶球冲洗

循环水胶球清洗系统的作用，是对凝汽器冷却管进行有效清洗，保持管壁清洁，提高凝汽器的传热效率，改善凝汽器真空，降低机组能耗，延长凝汽器冷却管的使用寿命，使机组安全经济运行。

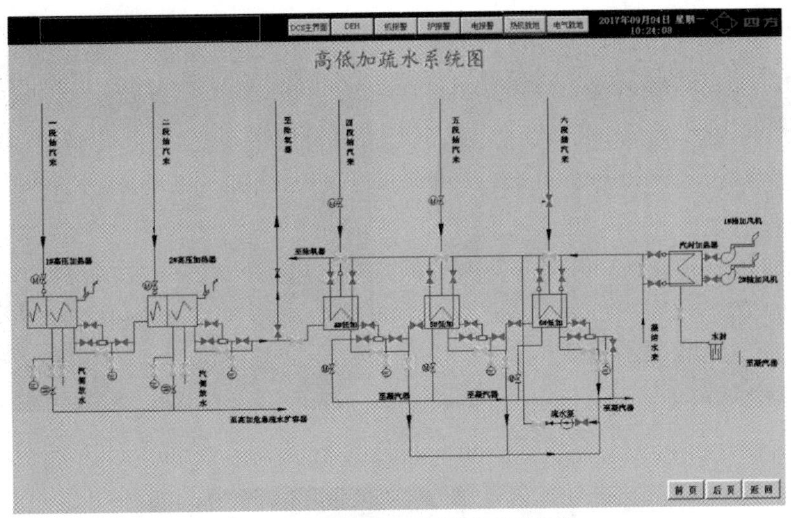

图2-5　热机就地——高低加疏水系统

如图 2-6 所示，整个系统的流程如下：在进行凝汽器冷却管清洗时，收球网合上处于收球状态，装球室中的胶球由于胶球泵出水压头的推动作用，先后依次经过装球室出口手动球阀，凝汽器胶球进口手动球阀，经分汇器成两支管从循环水管两侧进入。由于循环水进出水压差作用，胶球依次经过循环水前水室，凝汽器冷却管，凝汽器中间水室，凝汽器冷却管，循环水后水室，胶球在循环水出水管被收球网拦住，经两支管过分汇器，顺着胶球泵的进水，经胶球泵进口手动球阀，进入胶球泵，经胶球泵出口电动球阀进入装球室。完成一个单次清洗循环。在胶球进入凝汽器冷却管中进行清洗时，由于胶球的直径比冷却管的直径大 1 ~2 mm，且胶球富有弹性，利用凝汽器进口与出口循环水的差压作用，将胶球挤压通过冷却管，从而达到擦洗冷却管内壁污垢的目的。图 2-7、图 2-8、图 2-9 为循环水胶球冲洗系统实物图。

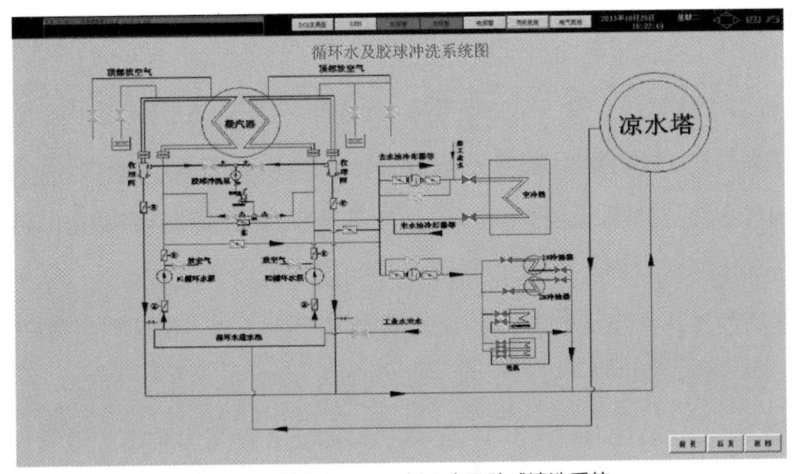

图2-6　热机就地——循环水及胶球清洗系统

图2-7　收球网合上处于收球状态

图2-8　收球网打开处于反洗状态

图2-9　装球室的外观与内部

2.7　射水抽汽系统

射水抽气器抽真空系统，它由射水抽气器、射水泵、射水箱及连接管组成。各台低压加热器的排气、凝结水泵及疏水泵的排气管汇入凝汽器，凝汽器与射水抽气器的工作室相连。由循环水或深水井向射水箱进行供补水，用射水泵（一台正常运行，一台备用）升压后，打入射水抽气器。抽气器中喷嘴喷射出的高速水流，在工作室内产生高真空以抽出凝汽器中的气、汽混合物，这些气、汽混合物经扩压后回到射水箱。

射水抽气系统是电厂的抽真空系统，其任务是将漏入凝汽器内的空气和蒸汽中所含的不凝结气体连续不断地抽出，保持凝汽器始终在高度真空下运行。从射水泵来的具有一定压力的工作水经水室进入喷嘴，喷嘴将压力水的压力能转变为速度能，水流高速从喷嘴射出，使空气吸入室内产生高度真空，抽出凝汽器内的汽、气混合物，一起进入扩散管，水流速度减慢，压力逐渐升高，最后以略高于大气压力排出扩散管。射水抽气器是利用高速水流在喷嘴中速度不断增加，从而降低抽气室的压力，将凝汽器中不凝结气体和少量蒸汽抽吸到混合室来，再加以扩压排放到射水箱中去，如图 2－10、图 2－11 所示。

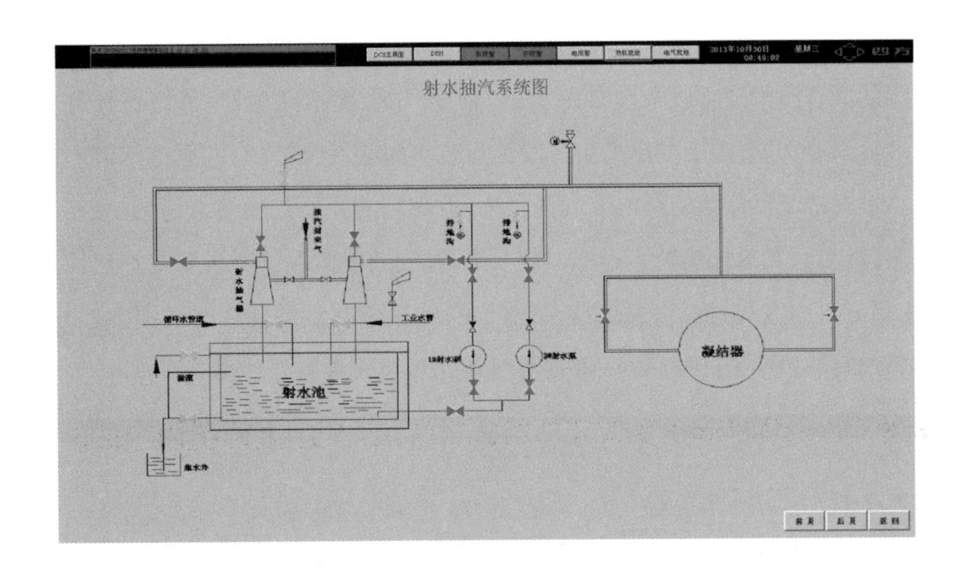

图 2－10　热机就地——射水抽汽系统

2.8　轴封系统

由于汽缸内与外界大气压力不等，就必然会使缸内蒸汽或缸外空气沿主轴与汽缸之间径向间隙漏出或漏入，造成工质损失，恶化运行环境。漏出蒸汽会加热轴颈或使蒸汽进入轴承室，引起油质恶化；漏入空气又破坏真空，从而增大抽汽负荷，这些将降低机组效率。

图 2－11　射水抽气器

为此在转子穿过汽缸两端处都装有汽封，这种汽封称轴端汽封简称轴封。高压轴封用来防止蒸汽漏出汽缸，以确保汽轮机有较高的效率，低压轴封用来防止空气漏入汽缸，保证机组有尽可能高的真空，也是为了保证汽轮机组的高效率。

汽封原理：主机轴封采用的是迷宫式汽封。这种汽封由带汽封齿的汽封环，固定在汽缸上的汽封套和固定在转子上的轴套三部分组成。这种汽封是通过把蒸汽的压力能转换成动能，再在汽封中将气流的动能以涡流形式转换成动能，再在汽封中将气流的动能以涡流形式转换成热能而消耗。在汽封前后压差及漏气截面一定的条件下，随着汽封齿数的增加，每个汽封齿前后压差相应减少。这样流过每一汽封齿的流速就比无汽封齿时小得多，就起到减少蒸汽的泄漏量的作用。

本系统由轴端汽封的供汽、漏汽管路，主汽阀和主汽调节阀的阀杆漏汽管路，中压联合汽阀的阀杆漏汽管路以及轴封冷却器、轴加风机、喷水减温器、节流孔板等相关设备组成。轴封冷却器，用于抽出最后一段轴封腔室内漏汽（或气），并维持该腔室内微负压运行。轴封冷却器冷却的是汽－气混合物，冷却用的介质是凝结水，因此凝结水也得到了加热（故称为轴封加热器）。轴加风机的作用是将轴封漏气经过轴封加热器之后的乏汽（包括混入的空气）抽走，并维持一定的负压，使轴封汽的外挡漏气不向外冒汽，而直接加热轴封加热器里的凝结水，如图 2－12 所示。

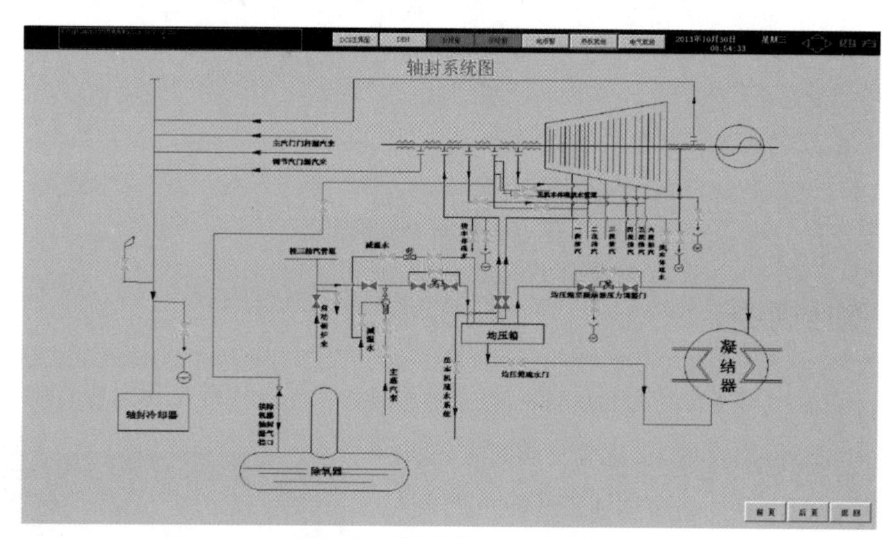

图 2－12　热机就地——轴封系统

2.9　蒸汽系统

热机就地的蒸汽系统，主要涵盖从汽包引出管导出饱和蒸汽，到一、二、三、四级过热器，到汽轮机这个过程的所有管道阀门。由于汽轮机做功对蒸汽参数要求非常高，同时考虑到生物质燃料热值变化大的特性，系统中共设计了三级减温装置来控制主汽温度，其中在一二级过热器之间布置一级减温器，在二三级过热器之间布置二级减温器，在三四级过热器之间布置三级减温器，如图 2－13 所示。

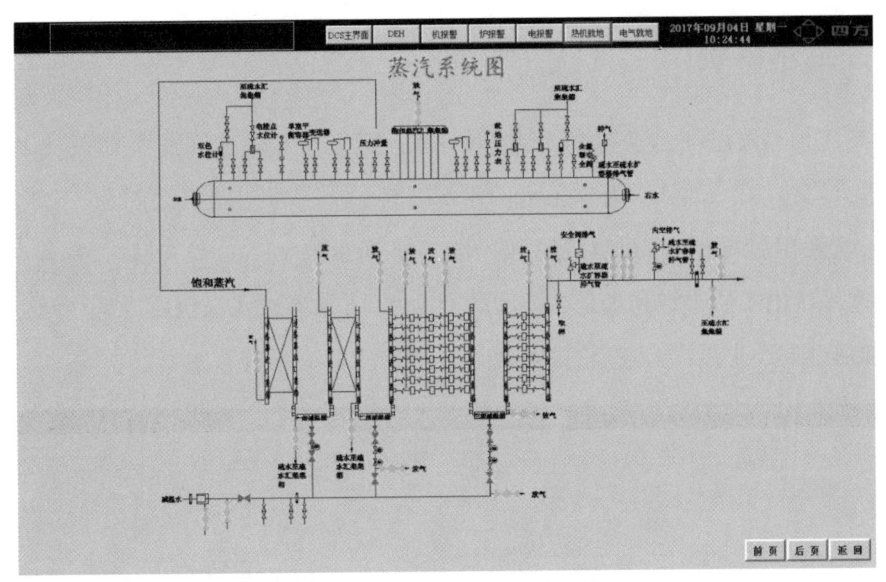

图 2－13　热机就地——蒸汽系统

2.10　风烟系统

在热机就地的风烟系统中，主要包括四组双螺旋给料机、一台送风机、一台引风机。四台干燥风机将尾部烟气引入两台干燥输送机，实现低温烟气热值再利用，如图 2－14 所示。

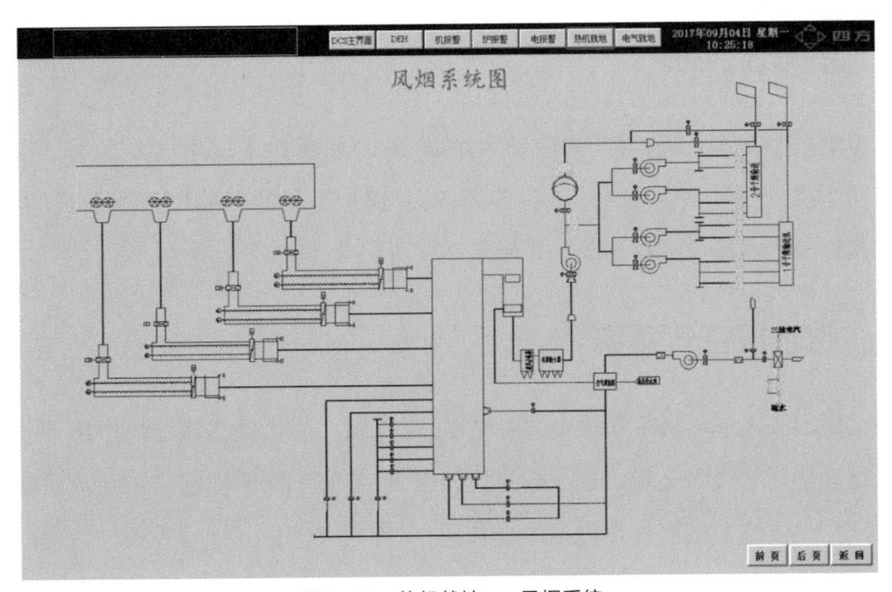

图 2－14　热机就地——风烟系统

2.11 给水系统

从高压加热器出口，工质未饱和水(给水)一部分进入空气预热器、烟气冷却器、省煤器，进入汽包，另一部分作为减温水的水源，进入一、二级过热器之间和三、四级过热器之间，实现喷水减温调节过热汽温，如图2－15所示。

给水系统内工质未饱和水是高纯度的干净水，省煤器进入汽包后，从下降管进入水冷壁，加热蒸发产生蒸汽，去汽轮机做功。

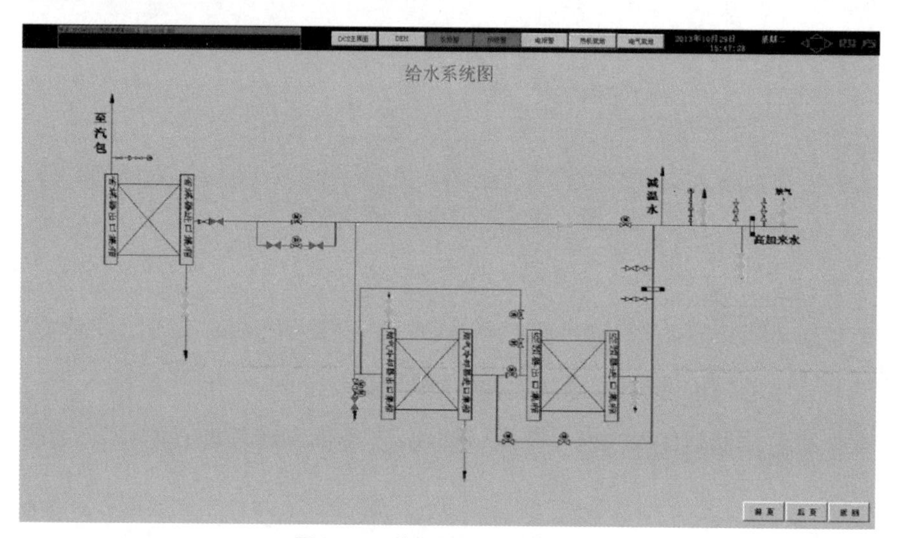

图2－15 热机就地——给水系统

2.12 冷却水系统

参考电厂冷却水系统，为开式冷却水系统，它对系统内工质水的要求不是很高，这部分工质不进入汽包、水冷壁、过热器等设备，对锅炉运行的影响比给水带来的影响小一些。该冷却水系统详细如图2－16所示。

2.13 疏水放空气系统

疏水阀的基本作用是将系统中的凝结水、空气和二氧化碳气体尽快排出；同时最大限度地自动防止蒸汽的泄漏。疏水阀的品种很多，各有不同的性能。选用疏水阀时，首先应选其特性能满足蒸汽加热设备的最佳运行，然后才考虑其他客观条件，这样选择你所需要的疏水阀才是正确和有效的。

放空气阀是用来自动排除管道中的空气及不凝性气体，保证蒸汽管道畅通。输水管线高处或较长输水管线在停电或停泵过程中常因压力降低而产生水柱分离，为保护管线可以加装空气阀，如图 2－17 所示。

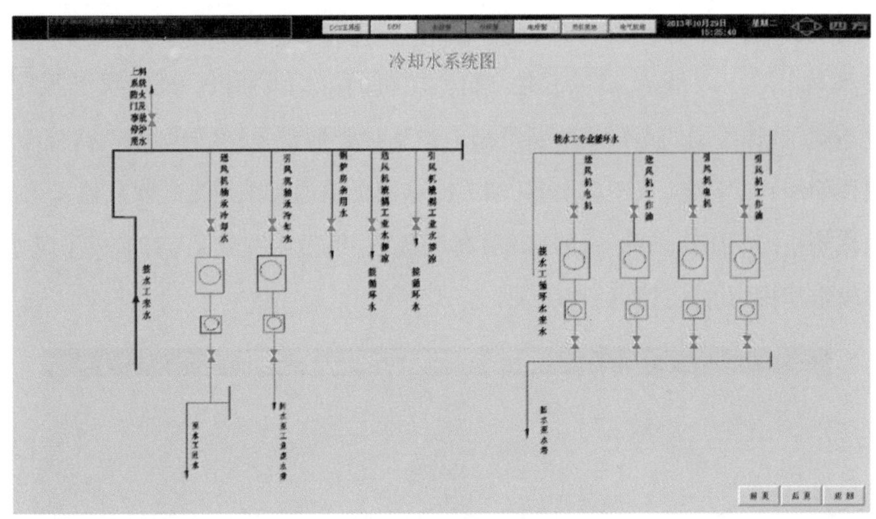

图 2－16　热机就地——冷却水系统

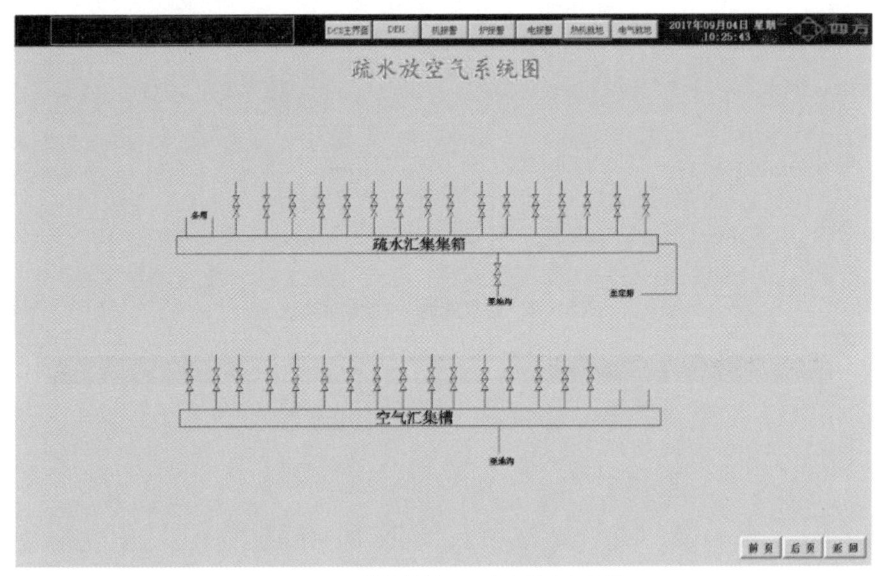

图 2－17　热机就地——疏水放空气系统

2.14　启动油系统

电厂在启动时，不仅需要有电力来驱动大部分辅机，还要有蒸汽来驱动或者加热一些辅助设施及管道（包括燃油、汽动给水泵等）。启动油系统，主要用于启动燃烧器，即锅炉冷态启动、温态启动、热态启动以及故障工况等阶段，都需要油助燃，促进燃料燃烧，如图 2－18 所示。

2.15 吹灰系统

目前电站锅炉安装的吹灰设备主要是蒸汽吹灰器和声波吹灰器。蒸汽吹灰器为传统吹灰器，如图 2－19 所示，其汽源是来自汽轮机的第一级抽汽。根据吹灰器所要工作的位置不同，选择不同的蒸汽吹灰器类型。位于炉膛通常采用墙式吹灰器，位于烟井通常采用长伸缩式吹灰器，位于省煤器、烟气冷却器烟道通常采用耙式吹灰器。

从汽轮机高压缸出来的一抽是高温高压蒸汽，经过吹灰器后，若形成了疏水，则需要通过以定期排污方式进行处理。

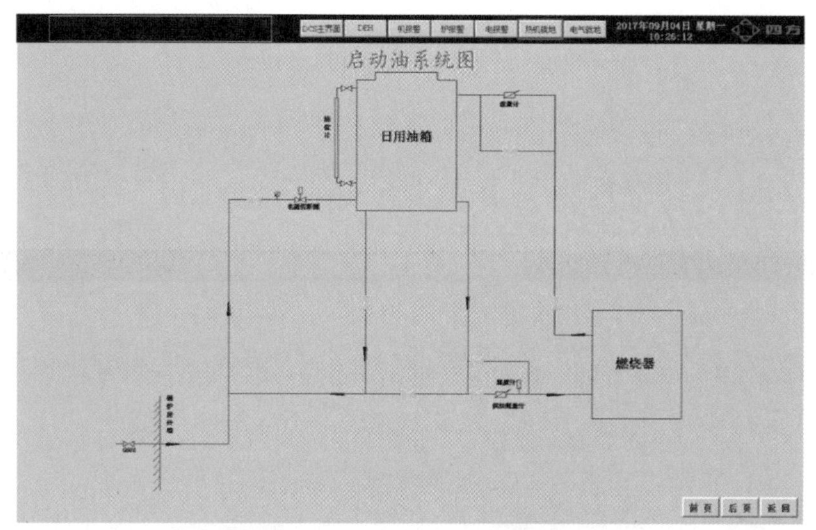

图 2－18　热机就地——启动油系统

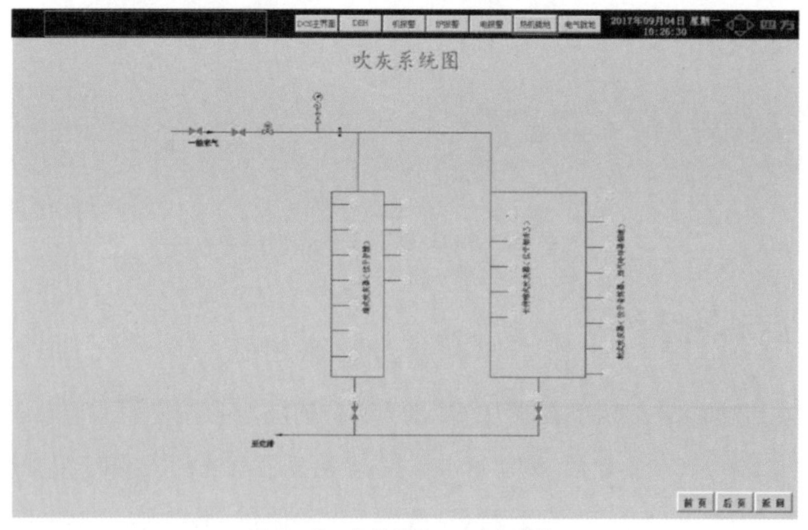

图 2－19　热机就地——吹灰系统

2.16 排污系统

电厂排污系统需要处理的废水包括来自化学水处理车间的酸碱污水、电除尘器冲灰系统产生的冲灰水、锅炉房冲渣污水、锅炉定期排污水、循环水系统的排污水、输煤系统冲洗水、油库产生的含油污水和厂区生活污水等。污水中的主要污染物为悬浮物、石油类以及少量的有机物,如图 2－20 所示。

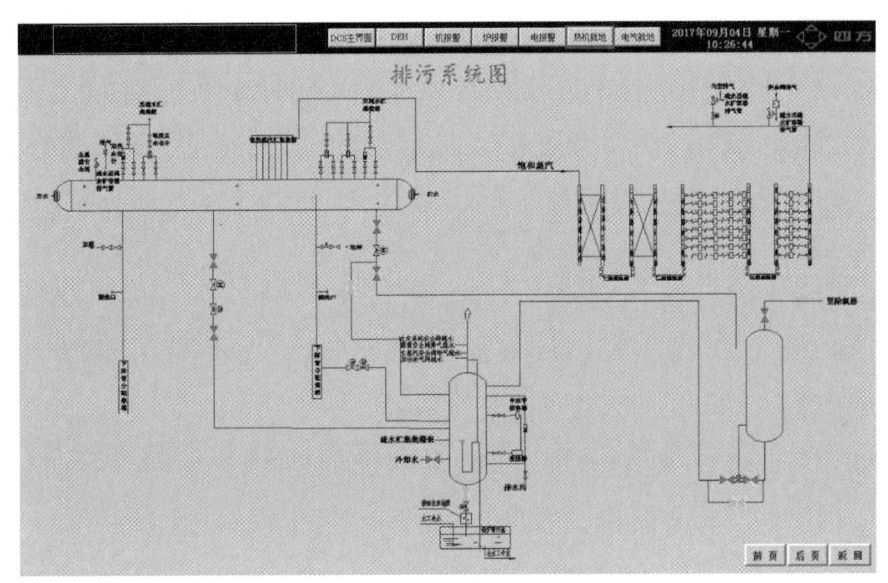

图 2－20　热机就地——排污系统

第3章 DCS主界面系统

电厂DCS控制系统(distributed control systems,简称DCS),又称为分散控制系统,将执行部件以及数据采集功能集成。传统的DCS是通过PLC和执行部件以及数据采集相连,现在的DCS把这两个功能集成在一起了。DCS应用到电厂,和通用的DCS系统一样,按电厂运行逻辑根据各种模拟数据量,经过电厂运行的逻辑实现对各种执行部件的控制,这个是一个综合的系统,光能准确采集各种数据和能够正确发出控制指令时基本功能,关键是对各种数据的分析和判断,这个是电厂提高效率的关键,要知道一台30 MW的机组满负荷发电每天就是72万kW·h,提高1%的效率就是多发电7 200 kW·h。

发电厂的集控室即集中控制室,或称主控制室,是发电生产的控制中心,对于中小发电厂,主控制室仅装设发电机及配电装置的控制与保护装置。随着电子计算机的迅速发展,采取电子计算机对火力发电机组进行控制,从而对火电厂的安全、可靠和经济运行提供了保障。因此大型火力发电机组一般采用单元控制室。即控制室内装设本机组机、电、炉控制及保护装置等,利用计算机控制可实现以下功能:

(1) 安全监视、数据处理。包括巡回检测、参数处理、越限报警、参数显示、制表打印、性能计算等。

(2) 正常调节。在正常运行时,对锅炉、汽轮机、发电机等主辅设备进行直接或间接控制。

(3) 管理计算。对生产过程可按数学模型进行计算,寻找最优工况,实现最优控制;对机组各运行指标进行计算,改善其运行管理。

(4) 事故处理。对生产过程进行监视,趋势预报等控制,事故发生时,协调动作,防止事故扩大,并记录事故过程中的设备状态和参数。

(5) 机组启、停。实现发电机组的自启动和停机。

综上所述,集控室是发电厂或单元机组的控制中心,是非常重要的生产场所。下面章节主要介绍电厂主控室里的DCS系统界面。

3.1　锅炉部分

3.1.1　炉画面

该锅炉采用生物燃料燃烧技术的 130 t/h 振动炉排高温高压蒸汽锅炉。锅炉为高温、高压、自然循环、单汽包、平衡通风、室内布置、固态排渣、全钢焊接构架、底部支撑结构的锅炉。包括振动炉排及 4 个烟气回程(炉膛、烟气通道二、烟气通道三、省煤－烟冷通道)。锅炉安装在锅炉基座上。前 3 个回程的水冷壁及炉排水冷壁共同组成了锅炉的蒸发系统。这些水冷壁包围并形成了布置过热器的封闭空间。与单级凝汽式汽轮机组相匹配(30 MW),设计燃料为玉米秸秆,采用炉前强制给料的送料方式,如图 3－1 所示。

振动炉排横向分成 4 个区域,炉排水冷壁安装在装有弹簧的炉排支架上,炉排支架安装在锅炉底部钢架上,由专门的驱动装置通过连接杆推动炉排组件进行往复振动。振动炉排的炉排水冷壁是锅炉蒸发系统的一部分。在炉排低端采用挠性弯管进行给水,通过另一套挠性弯管,汽水混合物被送回到炉排高端并进入前水冷壁。炉排表面向前下倾角与水平夹角为 5°,驱动装置的驱动杆上倾角与水平夹角为 20°,振动驱动装置的振幅为 ±5 mm。

水冷系统受热面由炉排水冷壁、侧水冷壁、前水冷壁、后一、后二、后三水冷壁以及炉顶水冷壁组成。炉膛横截面为 9 200 mm × 6 480 mm,炉顶标高为 22 900 mm。炉排水冷壁由 ϕ38 mm × 6.5 mm 的管子和 6 mm × 27 mm 扁钢焊制而成,扁钢上钻有不同间距的 ϕ5 mm 的小孔,作为一次风的通风孔。侧水冷壁由 ϕ57 mm × 6.5 mm 的管子和 6 mm × 23 mm 扁钢焊制而成。前水冷壁、后一、后二、及炉顶水冷壁由 ϕ57 mm × 5 mm 的管子和 6 mm × 23 mm 扁钢焊制而成。后三及水冷壁由 ϕ38 mm × 4 mm 和 6 mm × 42 mm 扁钢焊制而成。整个水冷壁受热面形成三个烟气通道,分别为炉膛、烟气通道二和三。

汽水引出管由 ϕ168 mm × 10 mm 的管子组成,2 根 ϕ508 mm × 30 mm 大直径下降管由汽包引出后布置在炉侧,再由 ϕ168 mm × 10 mm 的管子引入两侧下集箱。集中下降管通过导向型球形支座支撑在基础上,在其上方通过引入管与侧墙下集箱连接,起加固作用,在集中下降管的中上部有两层导向装置。

水冷壁两侧下集箱由 ϕ273 mm × 50 mm 的管子制成,通过其下方的支座支撑在底部支撑装置上。水冷壁下集箱左、右侧和前、后、中间水冷壁均相互连接,并且左、右水冷壁下集箱之间还有 5 根 ϕ219 mm × 20 mm 的连接管将两集箱相连,使集箱中的介质分布更加均匀,同时也加固了水冷壁底部,使其更坚固能够承受水冷壁上整体的重量。

这些集箱有一个膨胀中心,膨胀中心位于前墙下集箱中心,因此,侧下集箱的支座与底部支撑装置之间是可相对移动的。

水冷壁及其与之相连的其他部件、附件的重量全部通过侧下集箱传至底部支撑装置上。水冷壁上设置测量孔、检修孔、观察孔等。水冷壁上的最低点设置放水排污阀。膜式水冷壁外侧设置数层刚性梁,保证了整个炉膛有足够的刚性。水冷壁分多个循环回路保证水循环安全可靠。

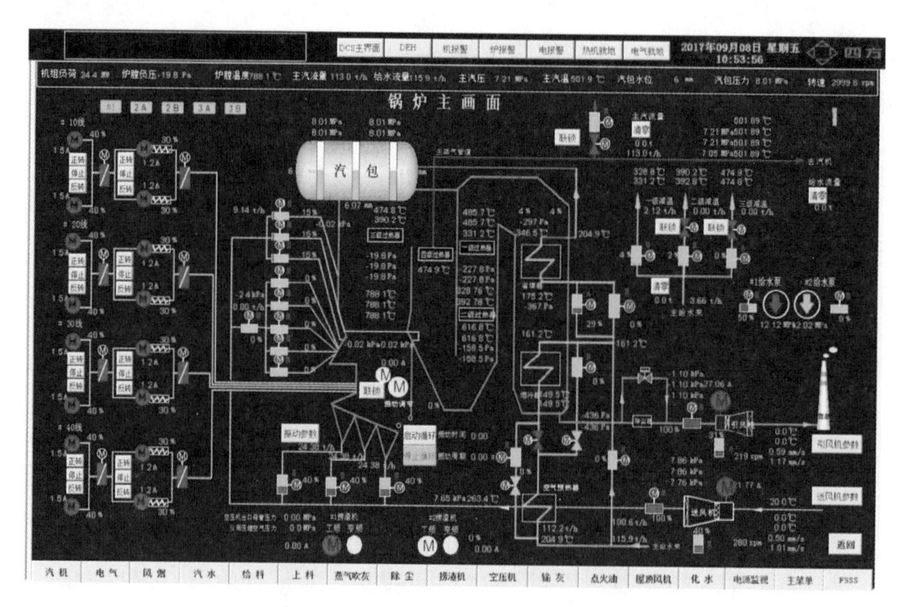

图 3-1　DCS 主界面——锅炉主画面

3.1.2　风烟系统

风烟系统由燃烧室、炉排、风室组成。炉排水冷壁上开有很多 $\phi5$ 的小孔,作为一次风的通风口,炉排下部是风室。燃烧室的截面、炉排的面积大小、炉膛高度能保证燃料充分的燃烧。燃料由炉前 4 个给料口送入燃烧室。给料管尺寸、位置满足锅炉在不同工况运行时的要求。送风机位于锅炉房内。从送风机出来的空气进入到空气预热器,在此进行加热,加热空气的热量来自给水系统的热水。炉膛进料口上部设有点火风,取自空气预热器后的热风,如图 3-2 所示。

加热后的空气被配送到炉排下部一次风、4 套炉前给料点火风、前后墙二次风和燃尽风 4 个系统中,除了二次风以外每一个系统都有一个用于流量测量的文丘里管测量装置,这些一次风、二次风、点火风及燃尽风的份额都有固定的分配比例,风压和风量的调节由各自系统的电动调节风门进行调节。经预热的一次风由风室经炉排水冷壁上的小孔送入燃烧室,二次风在燃烧室的前后墙送入。一次风风量占总空气量的30%,二次风风量占总空气量的70%,调节一、二次风量、给料量,可以使锅炉负荷在35%~100%调节。

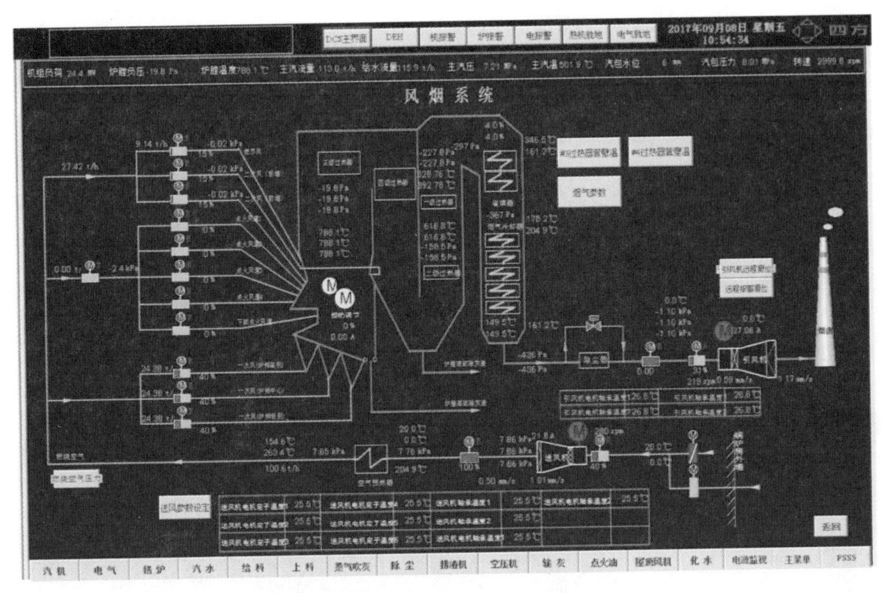

图3-2 DCS主界面——风烟系统

燃烧后的灰渣由炉后的排渣口排出炉外。在排渣口下方设有捞渣机,能使灰渣安全有效的排出炉外。炉排通过炉排前小集箱的预焊件和炉排前后的挠性管固定在水冷壁的下集箱上。

锅炉的整个送风系统是一个正压系统,由送风机的压头来克服空气流经空气预热器、空气通道以及相关元件的阻力。

通过炉膛内炉排上生物质燃料的燃烧以及送风系统送入的热风助燃,源源不断地生成了高温烟气,烟气不断地和流经的炉膛四周的膜式水冷壁与水冷壁上部的三级过热器、四级过热器、二级过热器和一级过热器进行热交换。烟气在离开一级过热器后通过转弯烟道进入尾部的省煤-烟气通道内,在这个通道内,烟气先后与省煤器和烟气冷却器管排进行热交换,在离开最后一级烟气冷却器之后,烟气在锅炉内完成了全部的热交换,最后在炉外的除尘器内经过对烟气的消烟除尘,通过引风机由烟囱向大气排放。

锅炉的整个烟气系统是一个负压系统,由引风机的压头来克服烟气流经烟道、冲刷受热面的阻力以及除尘器的阻力。

3.1.3 汽水系统

汽包将汽水混合物分离后，蒸汽通过引出管，逐级进入过热器继续加热提高蒸汽参数，而分离出来的饱和水与来自省煤器的高压给水混合，进入下降管，回到炉膛继续加热。

高压给水进入省煤器之前，经过一条流经空气预热器和烟气冷却器的旁路。这个旁路的流量由设置在主管路上的电动调节阀控制。在旁路内，给水首先通过空气预热器与送风机输出的冷空气进行热交换，给水被冷却、冷空气被加热。然后，这部分给水继续送往烟气冷却器，由流经烟气冷却器的烟气与给水进行热交换，给水被加热、烟气被冷却。在上述的空气预热器、烟气冷却器旁路内另有一条短接空气预热器的旁路和一条短接烟气冷却器的旁路，用于在不同工况下的运行，这些旁路都分别有电动调节阀控制流量，如图 3－3 所示。

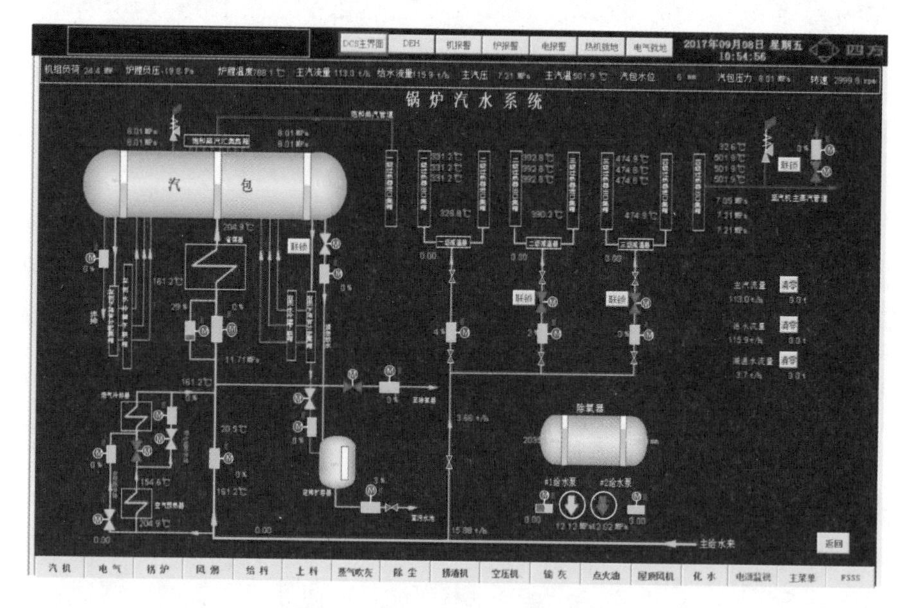

图 3－3　DCS 主界面——汽水系统

（1）汽包结构

汽包用 DIWA353 材料制成，内径为 ϕ1 600 mm，壁厚 70 mm，筒身全长 14 800 mm，两端采用球形封头，汽包全长 16 900 mm。

汽包内设有给水分配管和汽水分离元件等内部设备。利用汽水分离元件的分离作用使汽包内的汽水混合物充分分离，并使蒸汽沿汽包的长度、宽度均匀分布，可防止局部蒸汽负荷集中，以保证合格的蒸汽品质。蒸汽经 6 根管子引出汽包，汇集到饱和蒸汽汇集集箱，引入到 I 级过热器。

汽包内部装置除汽水分离元件外还有连续排污和加药管,为使实际运行中能安全可靠,及便于监督、检查等,汽包上设置了 1 个弹簧式安全阀、2 个压力表、3 个平衡容器、3 个电接点水位计和 2 个无盲区双色水位计等附件接口。汽包筒身顶部装焊有饱和蒸汽引出管座,汽包安全阀管座,压力表管座;给水引入套管接头;汽水混合物引入管座;筒身底部装焊有两个大直径下降管管座;紧急放水管管座等。封头上装有人孔、水位表管座等。

汽包内正常水位在汽包中心线处,最高、最低安全水位距正常水位为上下分别为 75 mm、125 mm。高水位报警水位在中心线上 200 mm 处,停炉水位在汽包中心线上 275 mm处,低水位报警在汽包中心线下 125 mm,停炉水位在中心线下 175 mm 处。

汽包支撑在两根集中下降管上,另外与水冷系统和过热器系统的连接管起到稳固作用,汽包可沿轴向自由胀缩。

(2) 过热器结构

本锅炉过热器分四级,饱和蒸汽由汽包上的饱和蒸汽连接管引入饱和蒸汽汇集集箱,沿连接管进入一级过热器,一级过热器逆流顺列布置,从一级过热器出来后经过一级减温器减温后进入二级过热器,然后再经过二级减温器、三级过热器、三级减温器、四级过热器后进入主蒸汽管。

一、二级过热器管系均由 ϕ38 mm × 4.5 mm 的管子组成,顺列布置,位于第三烟气通道。三、四级过热器均由 ϕ33.7 mm × 5.6 mm 的管子组成,顺列混流布置,分别位于炉膛出口和第二烟气通道。过热器系统采用喷水减温,这样既可保证汽轮机获得满足要求的过热蒸汽,又能保证过热器管不至于因工作条件恶化而烧坏,使过热器的辐射吸热份额增加,可使锅炉在 70% ~ 100% 负荷范围内汽温特性不随负荷变化,喷水调节量大大减少。

为保证安全运行,一级过热器采用 15CrMoG、二级过热器采用 12Cr1MoVG 的无缝钢管,三四级过热器采用 TP347H 的不锈钢管,防止高温腐蚀对管子造成大的损害,增加了运行的可靠性。

(3) 省煤器、烟冷器、空预器结构

省煤器和烟气冷却器由 ϕ38 × 4,20G 管子弯制而成的膜式鳍片蛇形管组成,支撑在尾部竖井内的两侧支撑板和通风梁上。

给水沿蛇形管自下而上与烟气成逆向流动,可将管内可能产生的气体及时带出。管子沿烟气方向有错列布置和顺列布置两种。

省煤器分两组,烟气冷却器分五组。烟气冷却器与省煤器串联,用来冷却尾部烟气,使达到理想的排烟温度。

各组蛇形管每组之间布置了人孔门,便于检修、清灰。

省煤器和烟气冷却器处设有内护板,起到密封和防低温腐蚀的作用。

空气预热器布置在烟气通道外,为给水加热空气的形式。空气预热器中的水冷却后进入烟气冷却器中加热,再并入给水管进入省煤器。空气与水成逆流布置。

空气预热器由 $\phi38\times4$ 的螺旋鳍片蛇形管组成,横向排列在空气通道内,由两侧的钢板支撑。

空气预热器在厂内组装完毕,方便安装。

空气预热器设计的水流速和空气流速都控制在合理的范围内,提高了空气预热器的换热效率。

3.1.4 给料系统

给料系统主要设备是螺旋给料机。炉前料仓位于给料系统最上部,起存储和分配燃料的作用,输送螺旋水平安装在料仓地面上,依照锅炉负荷要求将燃料可调的推送出料仓,落料管位于输送螺旋出口下方,其主要作用是将输送螺旋输出的物料接落入防火门,如图 3-4 所示。

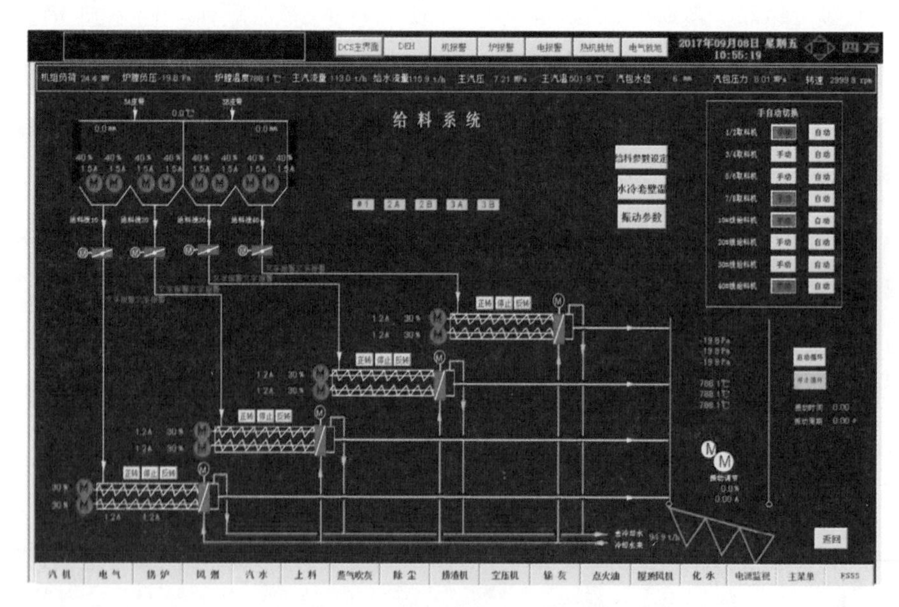

图 3-4 DCS 主界面——给料系统

该给料系统配备了四套双螺旋给料机,根据实际电厂锅炉负荷调整需要启动的给料系统数量,螺旋运动方向可以设置成正转和反转、停止三个状态。

给料机通过内螺旋给料装置推动秸秆经过水冷套，最后进入位于锅炉前墙的给料口。在全部给料系统内设有多处密封门、消防安全挡板和消防水喷淋设施。

3.1.5 上料系统

上料系统对应设备有输送链式输送机、分配链式输送机、称重链式输送机、分配小车、皮带、解包机，依次经过这些设备，原料进入螺旋给料机。同时，上料系统设计的时候，设置了干燥线，利用烟气余热干燥原料。这套系统在实际使用过程中存在一些问题，大部分电厂并未投入使用，如图 3-5 所示。

上料系统运行方式很多，主要有以下几种：

(1) 黄色秸秆（大包）→秸秆捆自动抓斗起重机→链条输送机→大解包机→2 号可逆带式输送机（正转）→干燥机→炉前料仓；

(2) 黄色秸秆（大包）→秸秆捆自动抓斗起重机→链条输送机→大解包机→2 号可逆带式输送机（逆转）→3 号带式输送机→炉前料仓；

(3) 黄色秸秆（小包、散料）→装载机→小解包机→1 号带式输送机→2 号可逆带式输送机（正转）→干燥机→炉前料仓；

(4) 黄色秸秆（小包、散料）→装载机→小解包机→1 号带式输送机→2 号可逆带式输送机 A 带（逆转）→3 号带式输送机→炉前料仓；

(5) 黄色秸秆（小包、散料）→装载机→小解包机→1 号带式输送机→2 号可逆带式输送机 B 带（逆转）→3 号带式输送机→炉前料仓。

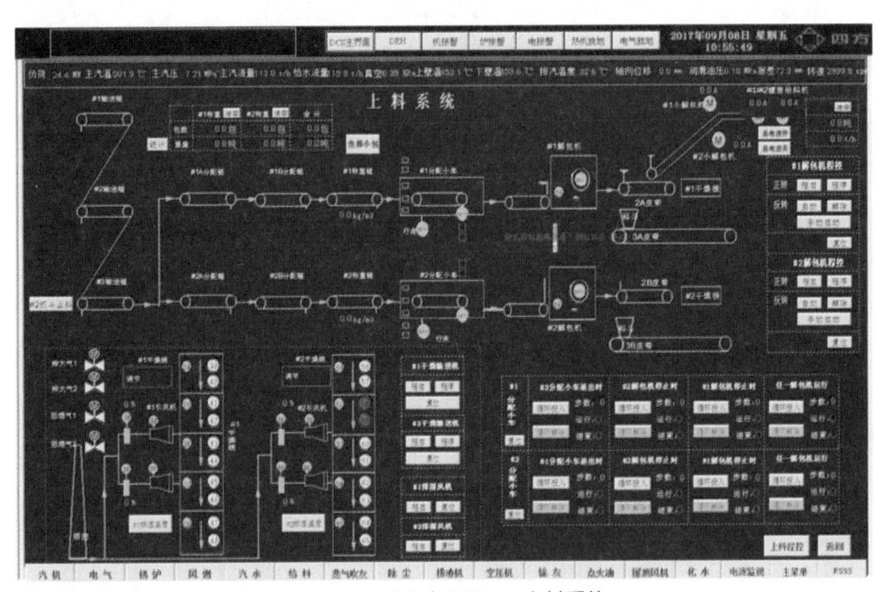

图 3-5 DCS 主界面——上料系统

3.1.6 MFT 系统

MFT 的意思是锅炉主燃料跳闸(Master Fuel Trip),即在保护信号动作时控制系统自动将锅炉燃料系统切断,并且联动相应的系统及设备,使整个热力系统安全的停运,以防止故障的进一步扩大。

锅炉点火前,需要对炉膛进行吹扫。而炉膛吹扫需要满足各项允许条件,主要考虑送风机、引风机运行是否正常,汽包水位是否正常,给料机逆止阀是否关闭,油燃烧器是否未运行,风量是否大于 26 kg/s。满足这些条件后,可以进行锅炉吹扫,吹扫时间 5 min。如总风量维持在 10 kg/s 以上 26 kg/s 以下,锅炉吹扫 10 min 或 30 min。如吹扫条件不满足,吹扫中断。待条件满足后,重新吹扫。吹扫结束,MFT 复位,准备点火,如图 3－6 所示。

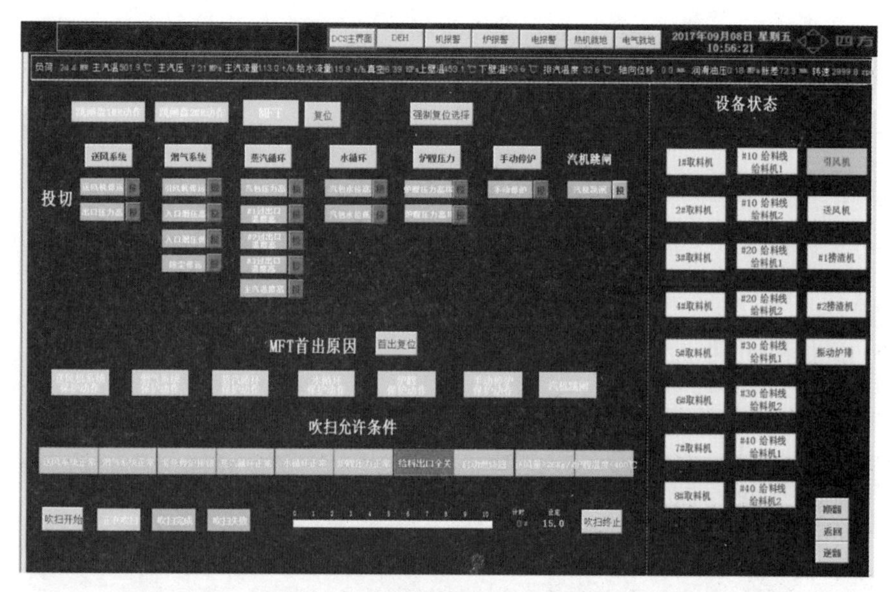

图 3－6　DCS 主界面——MFT 系统

3.1.7 蒸汽吹灰

蒸汽吹灰器是火力发电厂锅炉和其他行业锅炉,必须配套清除锅炉受热面积灰,以提高锅炉热效率的节能设备,是锅炉吹灰器的一种。本锅炉设有蒸汽吹灰系统,在炉膛内壁采用墙式吹灰器,在第三、第四回程中设有长伸缩式吹灰器。吹灰器的吹灰介质是汽轮机一段来的抽气,送入吹灰器进行吹灰。炉膛墙式吹灰器有 11 个,安装在炉膛的不同部位。过热器区域长伸缩式吹灰器有 5 个,安装在每组过热器的上方。省煤器及烟气冷却器区域耙式吹灰器有 8 个,安装在每组省煤器和烟气冷却器的上方。吹灰器的合理设置及有效工作可以保证锅炉各部分受热面不被烟气沾污和腐蚀,以确保应有的受热面吸热量和锅炉机组的长期安全有效运行，如图 3－7 所示。

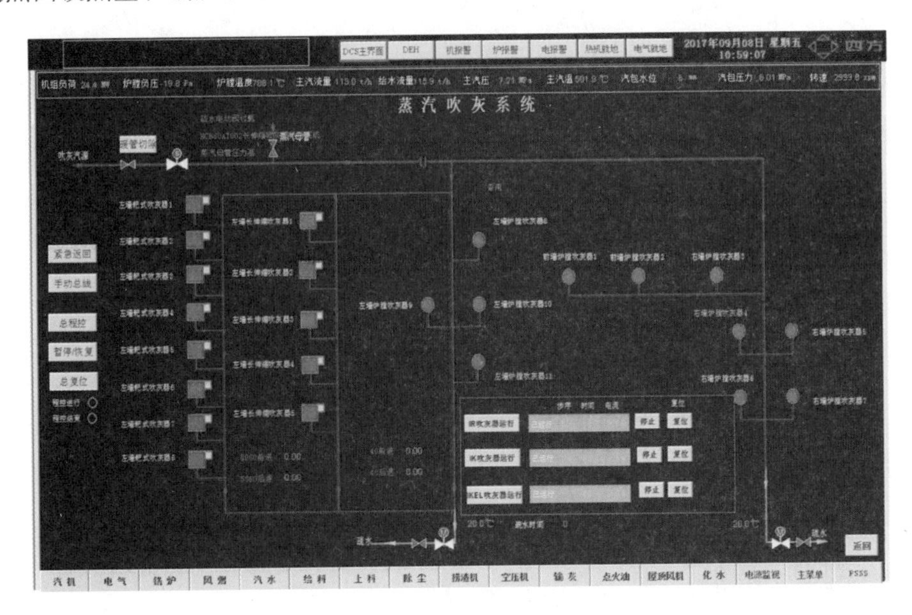

图 3－7　DCS 主界面——蒸汽吹灰系统

3.1.8　除尘系统

此除尘系统包括：布袋除尘器、旋风除尘器、除尘器进出风管路系统。含尘烟气经旋风除尘器、然后再进入脉冲布袋除尘器进行净化，然后经引风机，由烟囱向大气排放。

如图 3－8 所示，每台炉配的除尘器数量是 2 台旋风除尘器加 4 台布袋除尘器。高

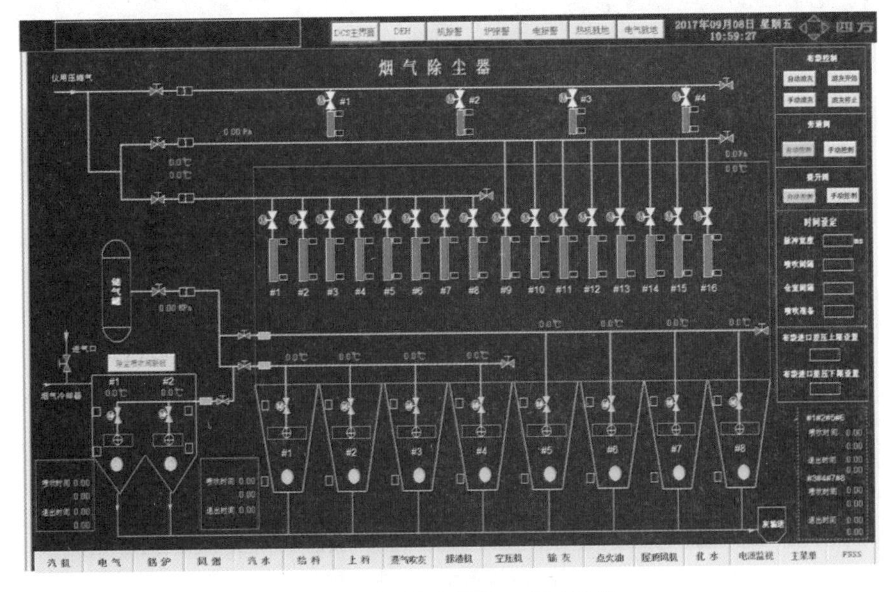

图 3－8　DCS 主界面——除尘系统

温含尘烟气从烟气冷却器经烟道分别切向进入旋风除尘器，旋风除尘器的处理烟气量为270 000 m^3/h；旋风除尘器的作用是除去部分粉尘，减少对滤袋的磨损；避免火星进入布袋除尘器而烧毁滤袋；烟气通过旋风除尘器后，将烟气中的大颗粒除去，经联通烟箱将烟气混合分别进入袋式除尘器的两个通道内，其中从烟箱至袋式除尘器间的水平烟道上设有预涂灰装置；旁通烟道将袋式除尘器的进口烟箱和除尘器总出口连接起来，采用矩形电动挡板门，平时关闭，遇紧急情况或在线检修时开启；在进口烟箱上设有温度检测装置，通过控制系统可实现对运行参数的检测，并在紧急情况下报警或开启旁通烟道；在袋式除尘器进出口分别安设压力测试装置，以监视除尘器运行的阻力；在花板上下分别开测孔，连接差压变送器，监测滤袋阻力，并作为定阻清灰的依据，当压力超过设定值时，按照预先设定的程序进行清灰；在袋式除尘器进出口烟道上分别设有热电偶，用于监测烟气温度，当温度超限（超高或超低）时报警并采取相应措施。

3.1.9 刮板捞渣机

如图 3－9 所示，锅炉的除渣系统由 2 台刮板捞渣机组成。捞渣机用于将炉排燃烬灰渣和烟道沉降的灰连续清除，工作原理为典型开式链双链单驱动传动，由一套电机减速机通过传动链带动刮板圆环链，从而实现物料输送。位于炉膛后部的#1 捞渣机安装在振动炉排的下部渣井，灰渣通过刮板送到链板输送机。捞渣机采用湿式传送带，渣斗裙板在捞渣机的水封之下，这种结构使炉膛与外界之间形成密封。在捞渣机内残渣被

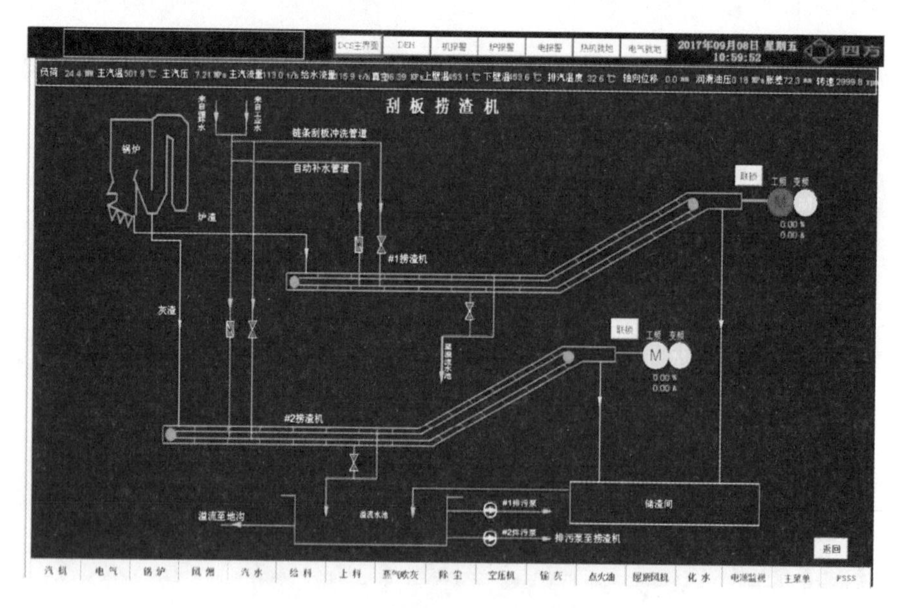

图 3－9　DCS 主界面——刮板捞渣机

熄灭,沉积在机壳的底部。由刮板移走在水中和底部的沉积物,被输送到链板输送机的入口上,带出的水被回送到捞渣机壳体中。

#2 刮板捞渣机,设置在锅炉二回程和三回程的下部渣井,用相同的方式来处理来自锅炉第二回程和第三回程中的沉降灰。捞渣机也以同样的方式末端连接在储渣间的链板输送机上。每一台刮板捞渣机都有单独的供水管供水,有水位开关控制水位及水温报警保护。

3.1.10 压缩空气系统

空压机系统配置了三台单级螺杆式空气压缩机,采用工业水作为冷却水,空压机后端配了两套干燥机,压缩空气净化设备采用布置于主管路前置过滤器的除油器,如图 3 - 10所示。

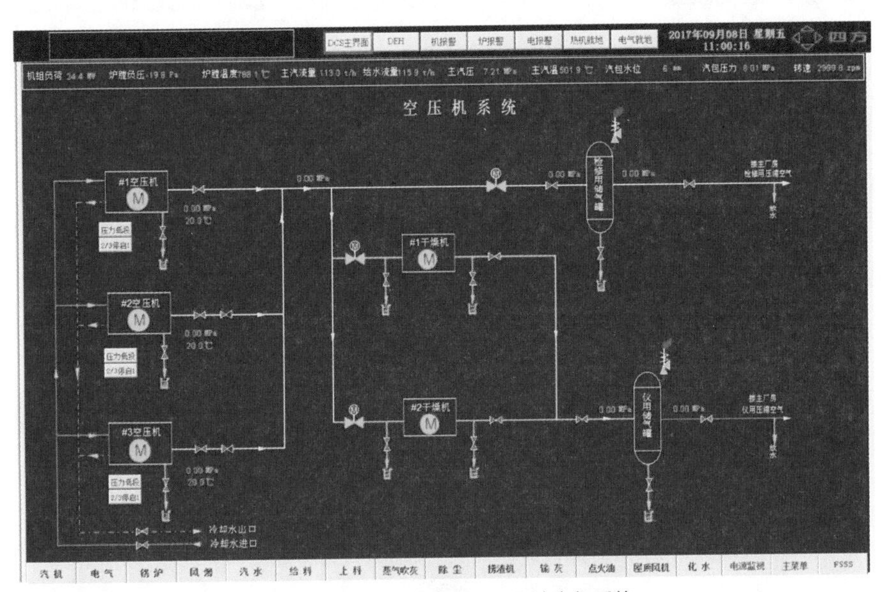

图 3 - 10　DCS 主界面——压缩空气系统

3.1.11 输灰系统

如图 3 - 11 所示,炉排下部设置 12 个灰斗,接收从炉排表面漏下的细灰。灰斗内的灰在运行中需要定期排放,停炉后需要彻底清理。

袋式除尘器有 8 个灰斗,呈两列布置。原设计有干出灰加水冲灰设施。虽然输灰系统不属于除尘器系统的设备,但由于其运行对于除尘器非常重要,所以在巡视卸灰系统的时候同时要密切注意输灰系统工作是否正常。

无论长期停炉还是短期停炉,均应保持卸灰、输灰系统应运行正常,至灰斗内没有存灰,方可停止卸灰、输灰系统。如果冬季,应保持灰斗加热装置运行,直至灰斗内无存灰。

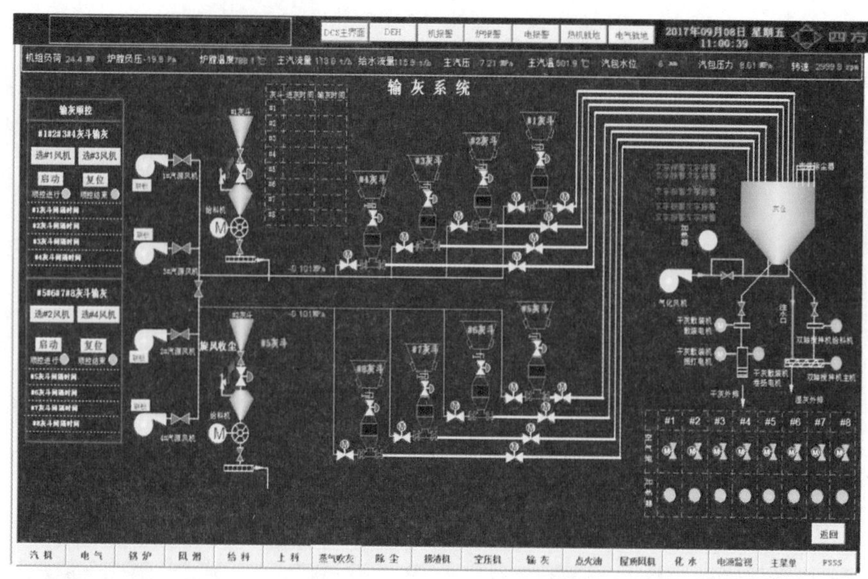

图 3-11　DCS 主界面——输灰系统

3.1.12　点火油

如图 3－12 所示，锅炉点火燃烧器位于锅炉侧面的炉膛水冷壁上，使用轻柴油点火。燃烧器仅用于启动点火过程点火，不考虑低负荷稳燃。燃烧器配有自带的供风机。燃烧器有一个推进机构，在点火结束后，可以从炉膛内退出。燃烧器退出后，有一个隔热门将燃烧器孔关闭进行封闭隔热。

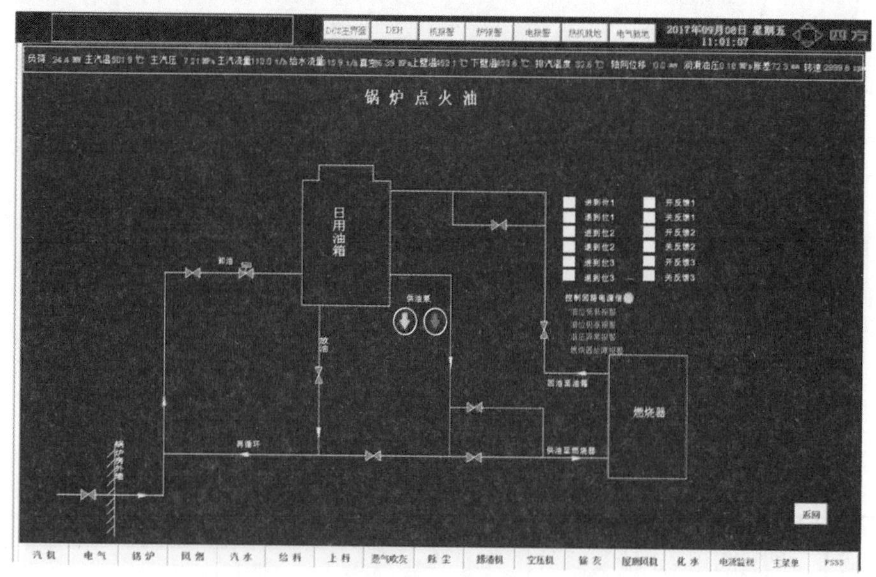

图 3－12　DCS 主界面——锅炉点火油系统

锅炉点火油采用 0#轻柴油，特性见表 3－1。

表 3-1 油的特性

项　目	单　位	数　值
实际胶质	mg/100mL	≤70
含硫量	%	≤0.2
水分	%	痕迹
酸度	mgKOH/100mL	≤10
机械杂质	%	无
运动黏度(20 ℃)	St	3.0~8.0
凝点	℃	≤0
闪点	℃	≥55
发热量(低位)	kJ/kg	41 870

3.1.13 屋顶风机

如图 3-13 所示，锅炉助燃空气取自锅炉房内屋顶之下，送风机位于锅炉房内。

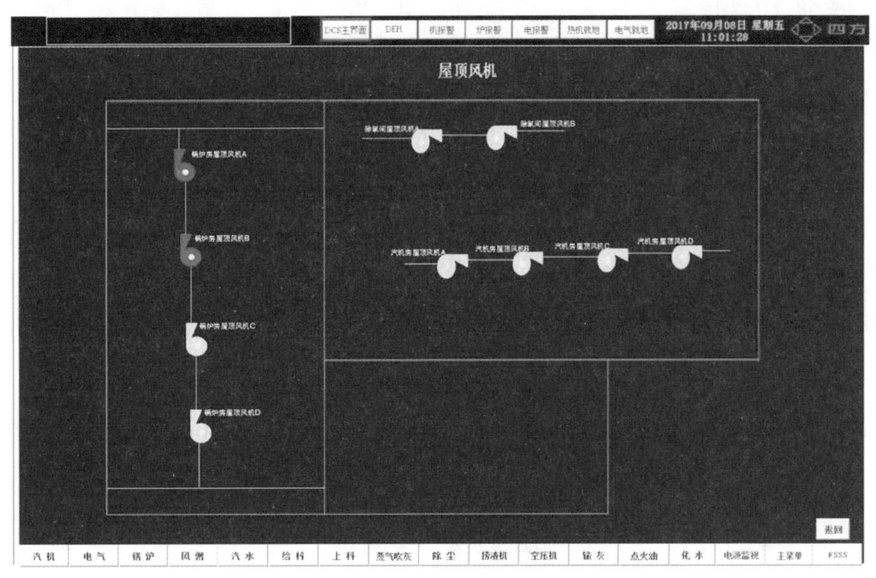

图 3-13　DCS 主界面——屋顶风机

3.1.14 化学水

在主工艺系统中，水工专业来水需要经过生水箱、生水泵、生水加热器、活性炭过滤器、离子交换树脂过滤器、高压泵、反渗透装置、除二氧化碳器、电渗析装置、除盐水箱等环节，流进主厂房除盐水管理系统，如图 3-14 所示。

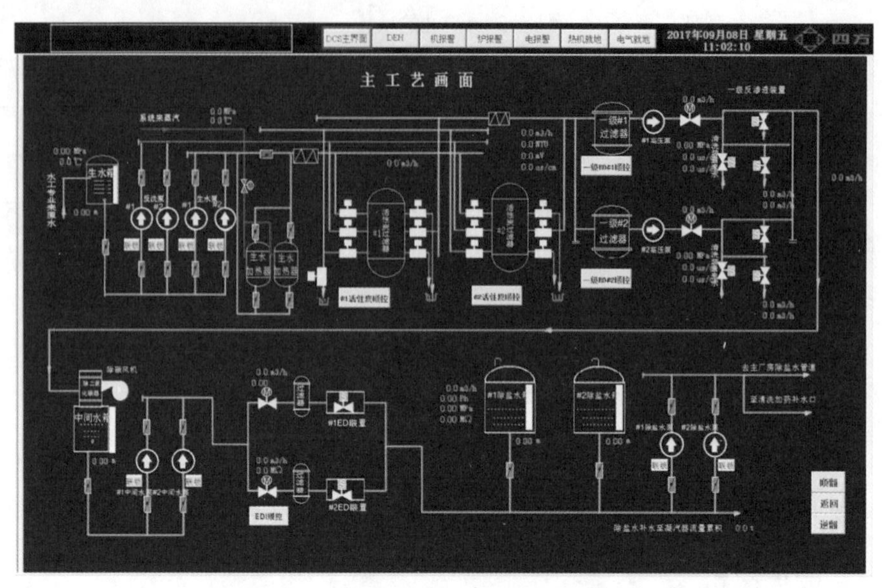

图 3－14　DCS 主界面——化学水处理主工艺

3.2　汽轮机部分

下面介绍的汽轮机设备是由青岛捷能汽轮机集团有限公司生产制造的高温高压、非调整抽汽、单缸、单轴、凝汽式汽轮机，机组采用集中控制运行方式，机、炉、电、化及上料系统均进入 DCS 系统。

汽轮机本体主要由转子和静子部分组成。转子部分包括整锻转子、叶轮、叶片、联轴器、主油泵叶轮等；静子部分包括汽缸、蒸汽室、隔板、汽封、轴承、轴承座、调节汽阀等。

(1) 汽缸

本机汽缸为单缸结构，由前缸、中缸、后缸组成。通过垂直中分面连接成一体。

主汽门、高压调节汽阀蒸汽室与汽缸为一体，新蒸汽从两侧主汽门直接进入高压调节阀蒸汽室内。主汽门道蒸汽室无连通管。

汽缸下部有加热器用回热抽汽口，散热快，容易造成上下缸温差超限。因此，必须适当加厚下缸保温，并注意保温施工质量，以防止上下缸温差过大造成汽缸热挠曲超值。

汽缸排汽室通过排汽接管与凝汽器刚性连接。

排汽接管内设有喷水管，当排汽室温度超限时，喷入凝结水，降低排汽温度。排汽管内两侧有人梯，从排汽室上半的人孔可进入排汽室内，直至凝汽器扩散室。

排汽室顶部装有安全膜板，当排汽压力过高，超过限定值时，安全膜片破裂，向大气排泄蒸汽。

前汽缸由两个“猫爪”支撑在前轴承座上，前轴承座放置在前底板上。可以沿轴向滑动。后汽缸采用底脚法兰形式座在后底板上。

机组的滑销系统由纵销、横销、立销组成。

纵销是沿汽轮机中心线设置在前轴承座与前底板之间。

横销设置在前“猫爪”和后缸两侧底脚法兰下面。

立销设置在前、后轴承座与汽缸之间。

横销与纵销中心的交点为机组热膨胀死点。当汽缸受热膨胀时，由前猫爪推动前轴承座向前滑动。在前轴承座滑动面上设有润滑油槽，运行时应定时注润滑油。

温度测点：在高压调节级后设有压力温度测孔，用于检测汽缸内蒸汽压力、温度。另外，在高压调节级后两侧汽缸法兰和汽缸筒顶部、底部还设有金属温度测点，用于检测上下半汽缸法兰、缸壁温差变化。

在汽缸的底部、两侧法兰上设有疏水口。

(2) 蒸汽室（喷嘴室）

本机有蒸汽室，上面装有喷嘴组，上下半蒸汽室由螺栓连接在一起。蒸汽室由两侧的“猫爪”支持在下半汽缸上，底部有定位键。

高压蒸汽室与汽缸上调节汽阀座之间装有自密封套，装配时注意检查密封套间隙是否符合要求，密封套在冷态时应活动自如。

(3) 喷嘴组

高压喷嘴组为装配焊接式结构，铣制喷嘴块直接嵌入到蒸汽室上。

(4) 隔板

本机共有17隔板，全部为焊接式隔板。隔板由悬挂销支持在汽缸内，底部有定位键，上下半隔板中分面处有密封键和定位键。

(5) 汽封

汽封分通流部分汽封、隔板汽封、前后汽封。

通流部分汽封包括动叶围带处的径向、轴向汽封和动叶根部处的径向汽封、轴向汽封。

隔板汽封环装在每级隔板内圆上，每圈汽封环由六个弧块组成。每个弧块上装有压紧弹簧。

前、后汽封与隔板汽封结构相同。转子上车有凹槽，与汽封齿构成迷宫式汽封。前、后汽封分为多级段，各级段后的腔室接不同压力的蒸汽管，回收汽封漏汽，维持排汽室真空。

当处于低真空供热工况时，前汽封第一段后压力接至第二级高加抽汽，第二段后压力切换至第二级高加抽汽口。

（6）转子

机转子采用整锻加套装的组合形式，末五级叶轮及联轴器“红套”在整锻转子上。共有18级动叶，其中一级双列调节级、十七级压力级（其中末四级为全三维扭叶级）。通过刚性联轴器与发电机转子链接。转子在制造厂内进行严格低速动平衡。转子前端装有主油泵叶轮。

（7）前轴承座

座装有推力轴承、前轴承、主油泵、调节滑阀、保安装置、油动机等。前轴承座安放在前底板上，其结合面上有润滑油槽。中心设有纵向滑键，前轴承座可沿轴向滑动，使用二硫化钼油剂作润滑剂。在其滑动面两侧，还装有角销和热膨胀指示器。前轴承座回油口、主油泵进油口和润滑入口均设有金属软管，防止油管路对轴承座产生附加的力。

（8）后轴承座

后轴承座与后汽缸分立，从而防止了后汽缸热膨胀对机组中心的影响。后轴承座装有汽轮机后轴承、发电机前轴承、盘车装置、盘车用电磁阀、联轴器护罩等。后轴承座两侧均有润滑油进回油口，便于机组左向或右向布置。

后轴承座安放在后轴承座底板上，安装就位后，配铰地脚法兰面上的定位销。

（9）轴承

汽轮机前轴承和推力轴承成一体，组成联合轴承。推力轴承为可倾瓦式，推力瓦块上装有热电阻，导线由导线槽引出，装配时应注意引线不应妨碍瓦块摆动。轴承壳体顶部设有回油测温孔，可以改变回油口内的孔板尺寸，调整推力轴承润滑油量。

推力瓦装配时应检查瓦块厚度，相差不大于0.02 mm。

前、后径向轴承及发电机前轴承为椭圆轴承。在下半瓦上有顶轴油囊，在盘车时，开启顶轴油泵，形成静压油膜，顶轴油囊不得随意修刮。下半瓦上还装有热电阻，热电阻装好后，应将导线固定牢。

转子找中心后，应将轴承外圆调整垫块下的调整垫片换成2～3片钢垫片，轴承座对轴承的紧力应按要求配准。

（10）盘车装置

本机采用蜗轮-齿轮机械盘车装置。盘车小齿轮套装在带螺旋槽的蜗轮轴上，通过投入装置，可以实现手动投入盘车。盘车电机起动同时，接通盘车润滑油路上的电磁阀，投入润滑油。

投入盘车时，必须先开启顶轴油泵，并检查顶轴油压是否达到要求。

压住投入装置的手柄，同时反时针旋转蜗杆上的手轮，直至小齿轮与转子上的盘车大齿轮完全啮合，接通盘车电机，投入盘车。

3.2.1 汽轮机主画面

辅机系统主要有凝汽系统、回热系统、汽封系统、疏水系统的组成，详细流程如图 3－15所示。

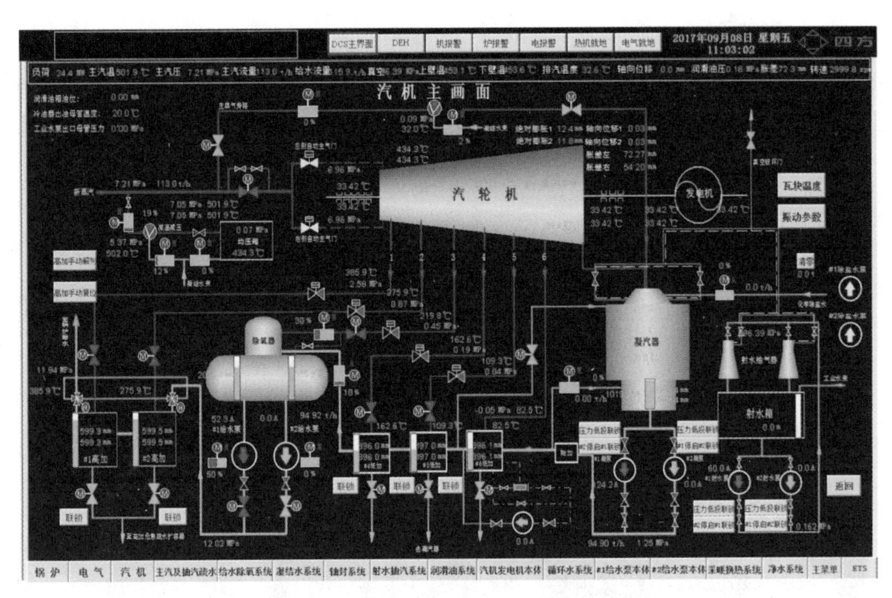

图 3－15　DCS 主界面——汽轮机主画面

（1）凝汽系统

凝汽系统主要包括凝汽器、射水抽气器、凝结水泵等。汽轮机排汽在排汽器内凝结后，汇集到热井中，由凝结水泵升压，经轴封冷却器、加热器、除氧器进入锅炉。

（2）回热系统

本机回热系统由 2 级高压加热器、1 级除氧器、3 级低压加热器组成。

高加疏水至除氧器，低加疏水至凝汽器。低压加热器为立式、U 型管、6 流程表面式加热器。

（3）汽封系统

前汽封一段漏汽接第二级高加抽汽管；二段漏汽接除氧器或二级高加抽汽口。三段漏汽接第三级低加抽汽管；四段漏汽接均压箱；五段漏汽接轴封冷却器。

后汽封一段封汽接均压箱；二段漏汽接轴封冷却器。当在低真空供热工况时，前汽封二段漏汽切换至第二级高加抽汽口。

(4) 疏水系统

汽轮机本体疏水、抽汽管路疏水按压力等级不同,疏至疏水膨胀箱。疏水在膨胀箱内扩容后,蒸汽进入凝汽器顶部,疏水至凝汽器底部。

3.2.2 主汽及抽汽疏水系统

来自锅炉的主蒸汽,若未满足汽轮机做功要求,则通过主蒸汽旁路,将蒸汽排入凝汽器。若主蒸汽达到进入汽轮机做功的条件,则依次进入汽轮机的高压级、中压级和低压级,如图 3-16 所示。

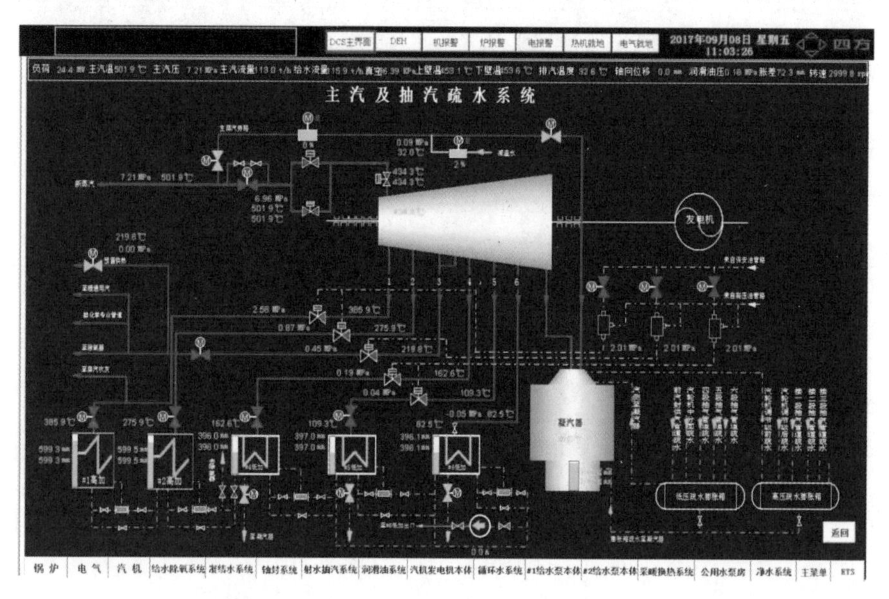

图 3-16 DCS 主界面——主汽及抽汽疏水系统

回热抽汽系统指与汽轮机回热抽汽有关的管道及设备,在蒸汽热力循环中,通常是从汽轮机数个中间级抽出一部分蒸汽,送到给水加热器中用于锅炉给水的加热(即抽汽回热系统)及各种厂用汽等。采用回热循环的主要目的是:提高工质在锅炉内吸热过程的平均温度,以提高级组的热经济性。

抽汽疏水系统是指回热抽汽系统中高温蒸汽经高压加热器、除氧器和低压加热器后部分凝结为液态水,就成为疏水。高压加热器疏水系统是负责为高压加热器疏水的系统。每台高压加热器都设置有疏水冷却段,高压加热器正常疏水逐级疏至下一级高压加热器,最后输入除氧器。而低压加热器疏水有三种方式:疏水逐级自流方式、疏水泵方式、疏水泵与疏水自流相结合的方式。疏水系统的配置包括疏水泵、疏水冷却段、疏水闪蒸箱、疏水调节阀及管路组件等。

3.2.3 给水除氧系统

如图 3－17 所示，在锅炉给水处理工艺过程中，除氧是非常关键的一个环节。氧是锅炉给水系统的主要腐蚀性物质，给水系统中的氧应当迅速得到清除，否则它会腐蚀锅炉的给水系统和部件，腐蚀性物质氧化铁会进入锅炉内，沉积或附着在锅炉管壁和受热面上，形成难溶而传热不良的铁垢，腐蚀的铁垢会造成管道内壁出现点坑，阻力系数增大。管道腐蚀严重时，甚至会发生管道爆炸事故。我国规定蒸发量大于或等于 2 t/h 的蒸汽锅炉和水温大于或等于 95 ℃的热水锅炉都必须除氧。通常情况下在给水温度超过 102 ℃，除氧效果才好。

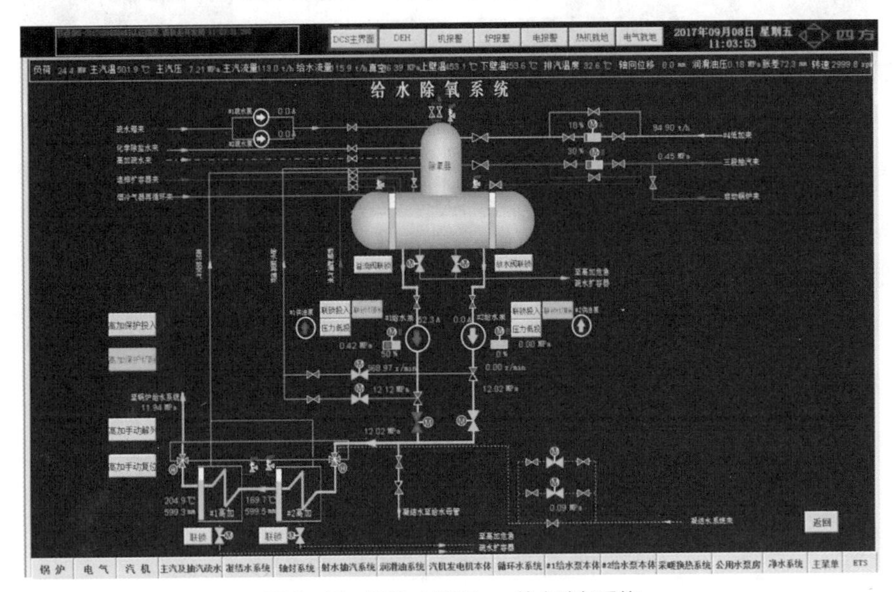

图 3－17　DCS 主界面——给水除氧系统

目前的给水除氧技术主要有热力除氧、真空除氧和化学除氧三种。电厂中采用汽轮机三段抽汽通入除氧器的方式，属于热力除氧。热力除氧一般有大气式热力除氧和喷射式热力除氧。其原理是将锅炉给水加热至沸点，使氧的溶解度减小，水中氧不断逸出，再将水面上产生的氧气连同水蒸气一道排除，这样能除掉水中各种气体（包括 CO_2、N_2）。除氧后的水不会增加含盐量，也不会增加其他气体溶解量，操作控制相对容易，而且运行稳定、可靠。热力除氧是目前应用最多的一种除氧方法。

3.2.4 汽轮机凝结水系统

凝结水系统的主要功能是将凝汽器热井中的凝结水由凝结水泵送出，经凝结水精处理装置、轴封冷却器、低压加热器输送至除氧器，其间还对凝结水进行加热、除氧、化学处理和除杂质。此外，凝结水系统还向各有关用户提供水源，如有关设备的密封水、减温器的减温水、各有关系统的补给水以及汽轮机低压缸喷水等,如图 3－18 所示。

凝结水系统主要包括凝汽器、凝结水泵、凝结水储存水箱、凝结水输送泵、凝结水收集箱、凝结水精处理装置、轴封冷却器、低压加热器、烟气余热加热系统以及连接上述各设备所需要的管道和阀门等。

汽轮机配有一台二流程二道制表面式凝汽器。凝汽器水侧分为两个独立冷却区,当凝汽器水侧需检修或清洗时,可在机组减负荷的情况下分别进行。水室端盖上设有人孔,便于检查水室的清洁情况。凝汽器管束设计合理,保证了凝汽器具有低的汽阻及过冷度。在进汽区及空气冷却区采用了特殊冷却管,使凝汽器具有较长的使用寿命。

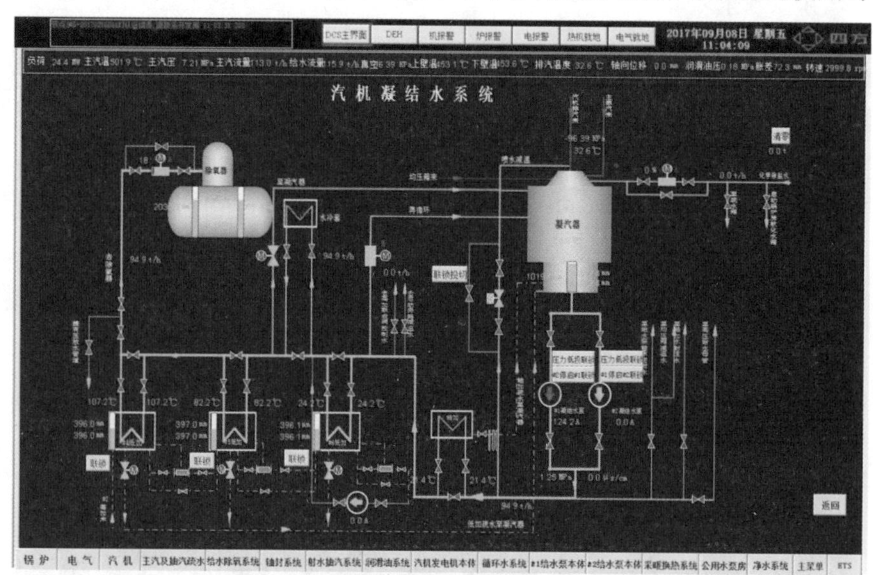

图 3－18　DCS 主界面——汽轮机凝结水系统

3.2.5　循环水及冷却水系统

循环水系统的功能是将冷却水(海水)送至高低压凝汽器去冷却汽轮机低压缸排汽,以维持高低压凝汽器的真空,使汽水循环得以继续。这是以水作为冷却介质,并循环使用的一种冷却水系统。主要由冷却设备、水泵和管道组成。冷水流过需要降温的生产设备(常称换热设备,如换热器、冷凝器、反应器)后,温度上升,使升温冷水流过冷却设备(如冷油器、空冷器)则水温回降,可用泵送回生产设备再次使用,冷水的用量大大降低,常可节约 95% 以上,如图 3－19 所示。冷却水占工业用水量的 70% 左右,因此,循环冷却水系统起了节约大量工业用水的作用。

冷却设备有冷却池和冷却塔两类,都主要依靠水的蒸发降低水温。再者,冷却塔常用风机促进蒸发,冷却水常被吹失。故敞开式循环冷却水系统必须补给新鲜水。由于蒸发,循环水浓缩,浓缩过程将促进盐分结垢(见沉积物控制)。补充水有稀释作用,其流量常根据循环水浓度限值确定。通常补充水量超过蒸发与风吹的损失水量，因此必须排放一些循环水（称排污水）以维持水量的平衡。

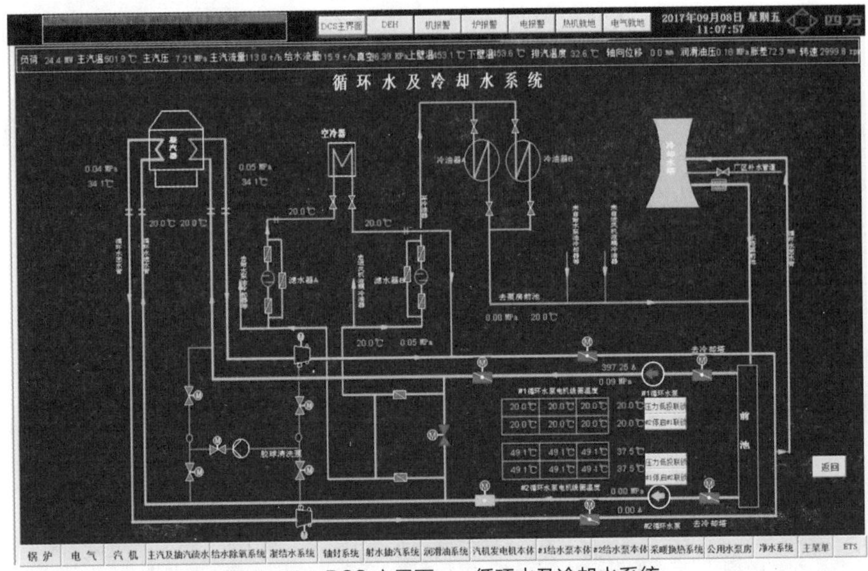

图 3－19　DCS 主界面——循环水及冷却水系统

3.2.6　汽轮机轴封系统

如图 3－20 所示，在汽轮机启动的时候，高压缸中压缸和低压缸内的蒸汽参数都比较低，非常怕外部冷空气进入汽轮机内部破坏真空，引起事故，需要在转子伸出气缸部分也就是轴封处冲入一定量过热蒸汽，密封汽缸，保护。

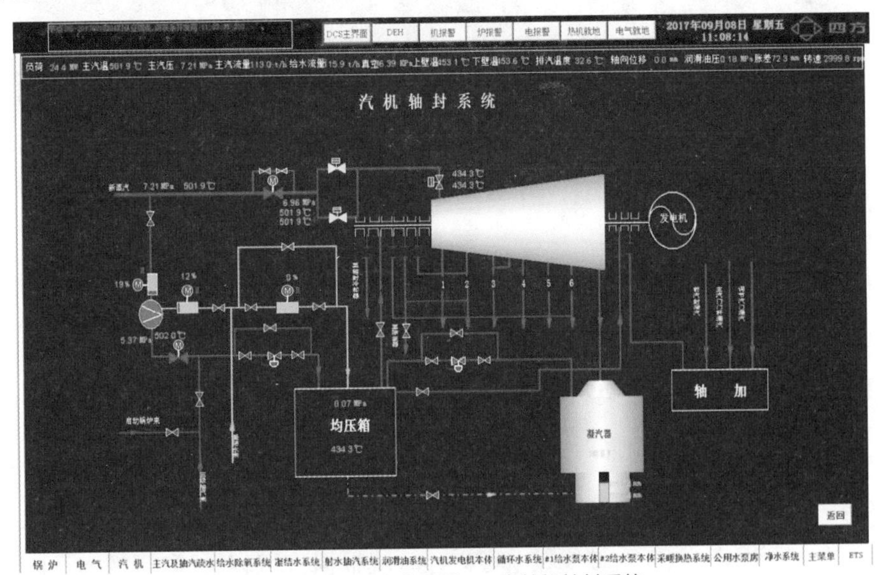

图 3－20　DCS 主界面——汽轮机轴封系统

在汽轮机穿出汽缸的地方，动静部分之间的间隙设置轴封，以减少蒸汽泄漏。轴封一般分若干段,每段内有多道汽封圈,各段间有个蒸汽腔室,通过管道将漏到腔室中的蒸汽疏走或向腔室中送汽。汽轮机轴封种类有传统齿形汽封、布莱登汽封、蜂窝式汽封,这些汽封有较厚的汽封齿,汽封间隙较大,为了大幅度减少漏汽量,近期还出现几种小间隙汽封,如刷子汽封、柔齿汽封、弹性齿汽封。

均压箱用于向汽轮机两端轴封供给密封蒸汽,均压箱内压力有进汽口和出汽口处的压力调节阀维持在 0.103 ~ 0.14 MPa。

3.2.7 净水系统

如图 3 - 21 所示,厂区内还存在一些生活给水,因此也设置了净水系统,主要包括助凝剂搅拌箱、助凝剂计量泵、净水设备。净化后的水质,比化学除盐水的水质还是差远了。

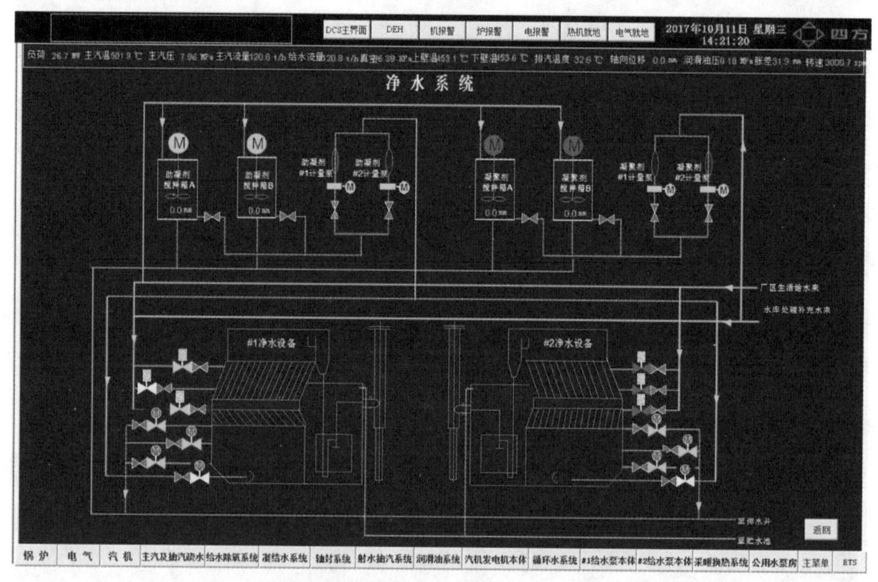

图 3 - 21　DCS 主界面——净水系统

3.2.8 电气主接线图

如图 3 - 22 所示,电路中的高压电气设备包括发电机、变压器、母线、断路器、隔离刀闸、线路等。它们的连接方式对供电可靠性、运行灵活性及经济合理性等起着决定性作用。一般在研究主接线方案和运行方式时,为了清晰和方便,通常将三相电路图描绘成单线图。在绘制主接线全图时,将互感器、避雷器、电容器、中性点设备以及载波通信用的通道加工元件(也称高频阻波器)等也表示出来。

对一个电厂而言,电气主接线在电厂设计时就根据机组容量、电厂规模及电厂在电力系统中的地位等,从供电的可靠性、运行的灵活性和方便性、经济性、发展和扩建的可能性等方面,经综合比较后确定。它的接线方式能反映正常和事故情况下的供送电情况。电气主接线又称电气一次接线图。

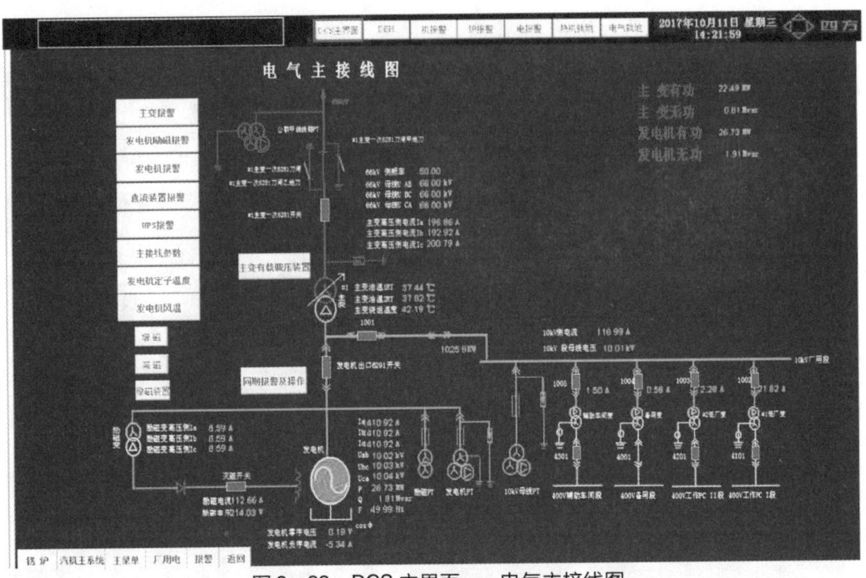

图 3－22　DCS 主界面——电气主接线图

3.2.9　公用水泵房

厂区公用水系统取自补给水系统的公用消防蓄水池。公用水系统主要供附属厂房的工业水和生产建筑物的卫生器具用水，此外还向主厂房提供一路做夏季附机掺混冷却之用，如图 3－23 所示。

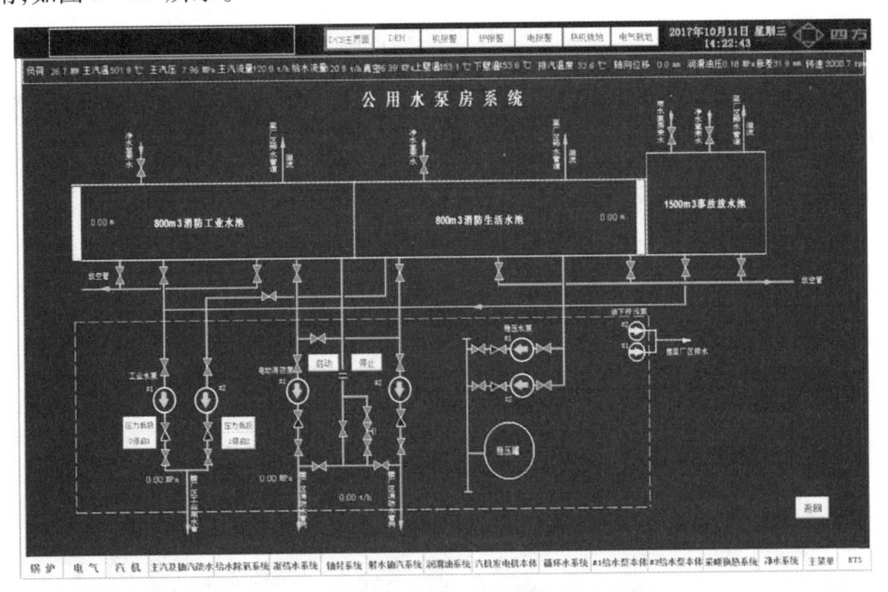

图 3－23　DCS 主界面——公用水泵房系统

3.2.10　给水泵本体

给水泵是供给锅炉用水的水泵。给水泵将除氧器储水箱中具有一定温度的给水，输送给锅炉，作为锅炉用水。根据锅炉运行的特点，给水泵必须连续不断地运行，保证锅炉给水，从而保证锅炉安全生产的要求，如图3－24所示。

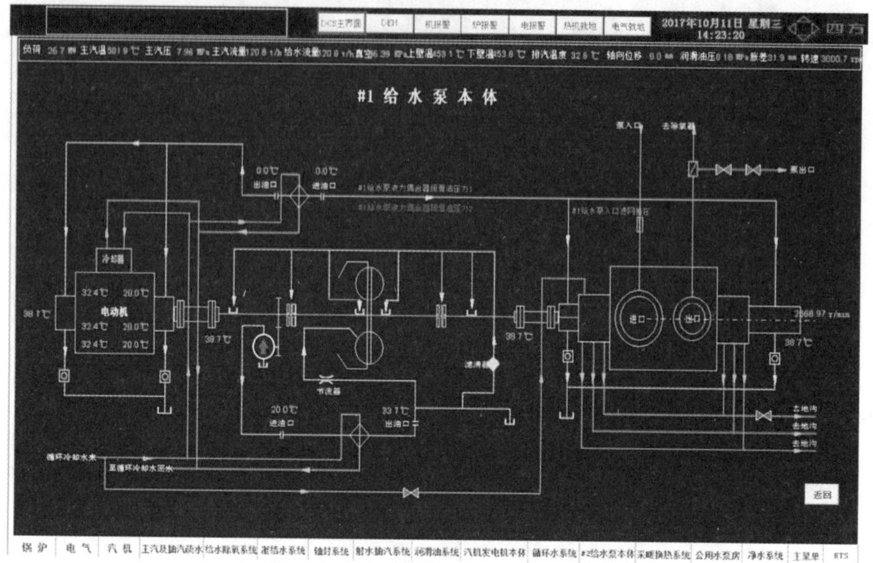

图3－24　DCS主界面——给水泵本体

3.2.11　汽轮发电机本体

汽轮发电机（steam turbine generator）是指用汽轮机驱动的发电机。由锅炉产生的过热蒸汽进入汽轮机内膨胀做功，使叶片转动而带动发电机发电，做功后的废汽经凝汽器、循环水泵、凝结水泵、给水加热装置等送回锅炉循环使用，如图3－25所示。

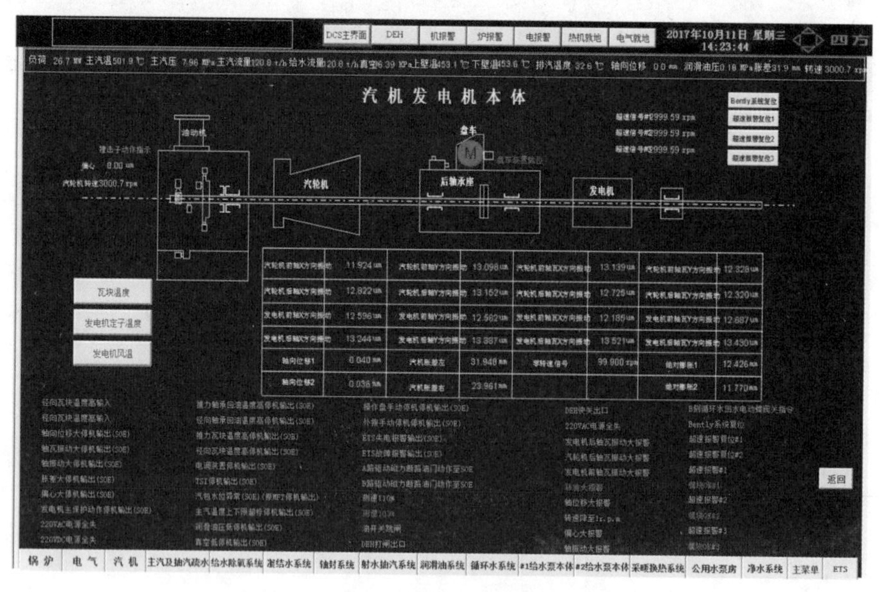

图3－25　DCS主界面——汽轮发电机本体

电厂汽轮发电机皆采用卧式结构，发电机与汽轮机、励磁机等配套组成同轴运转的汽轮发电机组。汽轮发电机最基本的组成部件是定子、转子、励磁系统和冷却系统。

汽轮发电机是由汽轮机作原动机拖动转子旋转，利用电磁感应原理把机械能转换成电能的发电设备。发电机转子绕组内通入直流电流后，便建立转子磁场，这个磁场称主磁场，它随着汽轮发电机转子旋转。其磁通自转子的一个磁极出来，经过空气隙、定子铁芯、空气隙，再进入转子另一个相邻磁极，从而构成主磁通回路。由于发电机转子随着汽轮机转动，发电机磁极旋转一周，主磁极的磁力线被装在定子铁芯内的 u、v、w 三相绕组(导线)依次切割，根据电磁感应定律，在定子三相绕组内感应出相位不同的三相交变电动势。

3.2.12 润滑油系统

汽轮发电机组是高速运转的大型机械，其支持轴承和推力轴承需要大量的油来润滑和冷却，因此汽轮机必须有供油系统用于保证上述装置的正常工作。供油的任何中断，即使是短时间的中断，都将会引起严重的设备损坏。油系统包括主油泵、启动油泵、润滑油泵、事故油泵、注油器、冷油器、油箱等，如图 3-26 所示。

(1) 主油泵

主油泵与汽轮机转子直联，有低压注油器供油。油泵轴上的浮动环在安装时注意顶部的定位销不可压住，应保证浮动间隙。

(2) 启动油泵

该泵为交流高压电动油泵，用于机组启动时供油。机组启动后，当主油泵油压大于启动油泵油压时，启动油泵应手动关闭。

(3) 润滑油泵

该泵为交流低压电动油泵，用于机组盘车时供油。

(4) 事故油泵

该泵为直流低压电动油泵，用于交流电源失掉，交流电动油泵无法工作时供润滑油。

(5) 顶轴油泵

该泵为高压叶片泵，用于机组盘车时向顶轴系统供油。

有润滑系统来的顶轴油、经滤油器进入顶轴油泵，升压后，经各支管到径向轴承下半轴瓦上的顶轴油囊。各轴承之前装有逆止门和节流阀，用节流阀可以调整转子顶起高度。

投入盘车时，必须先开启顶轴油泵，并确信顶轴油压符合要求。汽轮机冲转后，转速超过 200 r/min,可停下顶轴油泵。

（6）注油器

油系统中设有两个并联工作的注油器,低压注油器用来供给主油泵用油,高压注油器供给润滑油系统用油。

（7）冷油器

在润滑油路中设有两台冷油器,用来降低润滑油温。两台冷油器可以单台运行,也可以并联运行。

（8）油箱

油箱除用以储存系统用油外,还起分离油中水分、杂质、清除泡沫作用。

油箱内部分回油区和净油区。由油箱中的垂直滤网隔开。滤网板可以抽出清洗。接辅助油泵的出油口装有自封式滤网,滤网堵塞后,不必放掉油箱内油即可将滤网抽出清洗。

油箱顶盖上除了装有注油器外,还设有通风泵接口和空气滤清器。

在油箱的最低位置设有事故放油口,通过油口,可将油箱内分离出来的水分和杂质排出,或接油净化装置。

对油箱的油位,可通过就地液位计和远传液位计进行监视,就地液位计装在油箱侧部,远传液位传感器由油箱内的油加温。

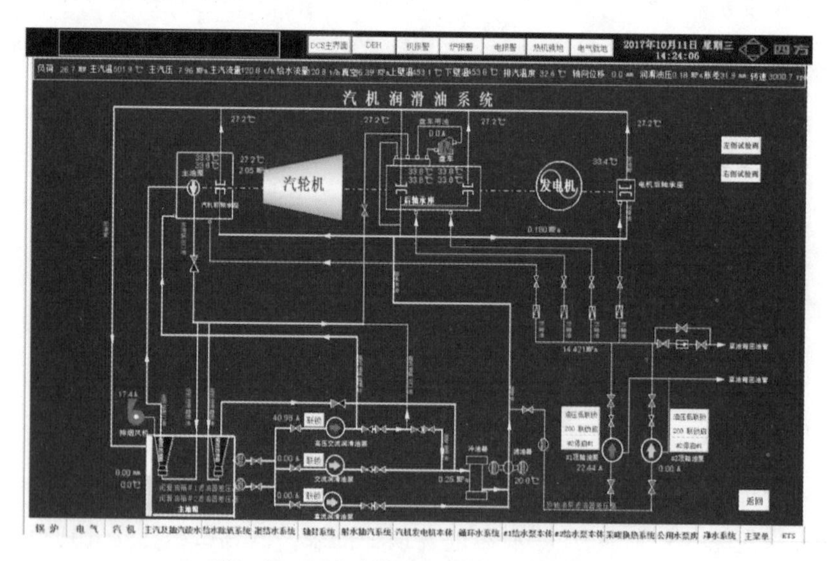

图 3－26　DCS 主界面——汽轮机润滑油系统

3.2.13　汽轮机射水抽气系统

由射水抽气器维持凝汽器真空,如图 3－27 所示。

本机采用长喉管射水抽汽器,抽汽效率高,能耗低,噪声小,结构简单,工作可靠。此外在扩散管上还设置了抽汽口,可用于轴封抽汽。

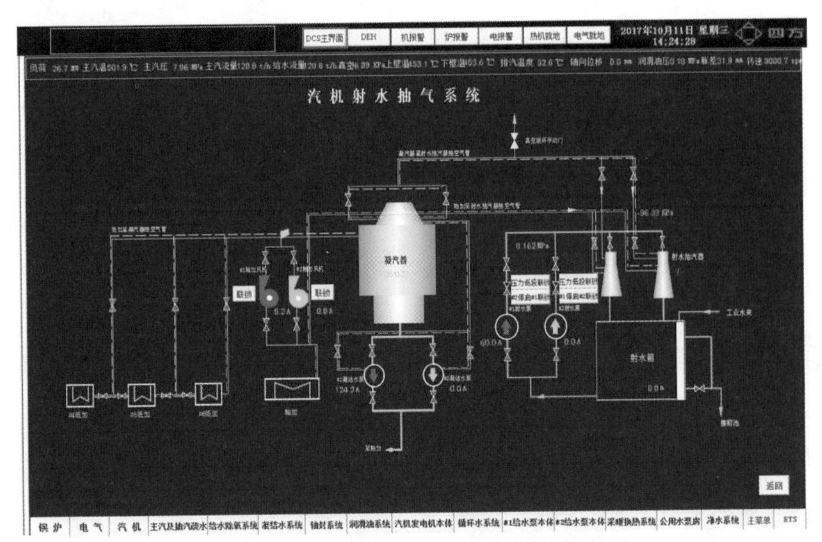

图3-27 DCS主界面——汽轮机射水抽汽系统

第4章 现场锅炉启动与运行调整步骤

4.1 锅炉启动前的检查准备、试验与保护

4.1.1 启动前准备和检查

（1）启动前的准备

1）在锅炉装置启动前,需要对每个设备进行检查,以确保每个系统都能够启动。

2）在启动准备阶段,锅炉及其辅助设备处于准备就绪状态。

① 通过手动操作使锅炉装置处于准备就绪状态。所有的手动阀门、挡板及其他部件都不能通过 DCS 来操作,而是通过手动设定在预定位置。

② 由 DCS 控制的系统也应该预先设定,准备正常启动运行。

③ 锅炉装置的启动主要通过 DCS 来执行,但是,一些手动操作,如:疏放水阀和空气门的开启/关闭,必须预先进行。

3）启动准备工作必须包括:

① 启动前检查相关工作票均已终结,无关人员已撤出锅炉区域。

② 启动前通知相关专业,做好点火前准备。

③ 所有的检查门、人孔都确认已经关闭。

④ 各辅助系统正常,如:启动锅炉、燃油系统、压缩空气、仪表装置、冷却水。

⑤ 仪表的校对。

⑥ 投运除尘器的电伴热。

⑦ 疏水阀及空气门处于正确位置。

⑧ 锅炉中不存在影响启动的灰渣。

⑨ 耐火材料完好。

⑩ 上给料系统可以运行但处于停运状态。

⑪ 除渣系统可以运行但处于停运状态，灰渣间可以接受新的灰渣。

⑫ 捞渣机已注水并投入水位控制。

⑬ 除尘、输灰系统可以运行但处于停运状态。

⑭ 空气及烟气系统可以运行，调整-控制-关断挡板处于正确位置。炉排下面的所有灰渣斗清理干净。人孔和检查孔关闭。

⑮ 锅炉和烟气系统的保护设备已拆除。

⑯ 承压部件上的阀门处于正确位置，可以运行。

⑰ 除氧器水位正常水质合格。

⑱ 所有保温材料完好。

（2）仪表检查

1）所有测量和安全系统都必须可以运行。

2）用于压力及流量测量的关断阀都必须处于开启位置。除非系统有检修工作进行，否则，他们通常都处于开启位置。

3）各表计已正常投入（如水位计、氧量表、压力、温度表计）等。

4）所有仪表信号齐全，完整好用。

5）工艺信号及事故喇叭好用。

（3）上给料及包括燃油系统的检查

1）在锅炉启动之前，储料仓与下方的缓冲料仓必须注入燃料。

2）消防系统可以运行，报警系统处于运行状态。

3）燃油系统的检查

① 检查燃油系统正常，油罐油位、油温正常；

② 油泵处于备用状态。

4）检查炉前燃油系统，供油回路及回油回路手截门开启。

5）试验点火器雾化良好。

（4）灰渣系统的检查

1）锅炉装置配有两台湿（注水）式捞渣机。湿（注水）式捞渣机将灰渣冷却并加湿，同时能够形成水封隔绝空气进入炉膛，确保炉膛的负压。

2）在锅炉启动之前，湿式捞渣机必须先注水，水位控制必须可以运行。

3）位于灰渣间的分配输送机必须可以运行，且灰渣间必须有存放新灰渣的空间。

4）在锅炉开始点火之前，灰渣系统必须启动。

(5) 炉膛、燃烧室、风、烟道的检查

1) 看火门、人孔门完整,能严密关闭。

2) 各热电偶温度计完整,无损坏现象,附件位置正确,穿墙处严密。

3) 二次风口畅通、完好,无堵塞。

4) 膜式水冷壁管、过热器管、省煤器及空气预热器的外形正常,表面清洁,各部的防磨护板完整牢固,无脱落、翘曲现象。

5) 防爆门完整、严密,防爆门上及其周围无杂物,动作灵活可靠。

6) 调节挡板完整、严密,传动装置良好,开关灵活,位置指示正确。

7) 无焦渣及杂物,脚手架已拆除。

(6) 膨胀系统的检查

1) 指示板牢固地焊接在锅炉骨架或主要梁柱上,指针牢固地垂直焊接在膨胀元件上。

2) 指示板的刻度正确、清楚,在板的基准点上涂有红色标记。

3) 指针不能被外物卡住或弯曲,指针与指示板面垂直,针尖与指示板面距离3~5mm。

4) 锅炉在冷状态时,指针应指在指示板的基准点上。

5) 锅炉各方向膨胀不受阻。

(7) 阀门、风门、挡板的检查

1) 总体要求

与管道连接完好,法兰螺丝已紧固。

① 手轮完好,固定牢固;门杆洁净,无弯曲及锈蚀现象,开关灵活。

② 阀门的填料应有适应的压紧余隙,丝扣已拧紧,主要阀门的保温良好。

③ 传动装置的连杆、拉杆、接头完整,各部销子固定牢固,电动控制装置良好。

④ 具有完整的标志牌,其名称、编号、开关方向清晰正确。

⑤ 位置指示器的开度指示与实际位置相符合。

⑥ 所有调节风门、调节挡板开关无卡涩现象。

⑦ 所有调节风门、调节挡板的远方电动操作装置完整可靠,开关灵活,方向正确。

⑧ 汽包水位计防护罩应牢固,照明良好,阀门开关灵活,云母片清晰,并有正确指示标志。

2) 阀门、挡板位置的检查

① 蒸汽系统:主汽门经开关试验后关闭,隔绝门及其旁路内关闭(指 72 h 试运行前)。

② 安全阀调试完成保证无误。

③ 给水系统:主给水门、给水旁路门及疏水门关闭,给水门、省煤器入口门开启(上水后关闭)。

④ 减温水系统:减温水手动门开启后,电动调节门关闭。

⑤ 放水排污系统,各集箱的排污门、连续排污二次门、事故放水门关闭。定期排污总门、连续排污一次门开启。

⑥ 疏水系统:过热器部分所有的疏水门及主汽门后的疏水门开启。

⑦ 蒸汽及炉水取样门、汽包加药门开启,加药泵出口门关闭。

⑧ 汽包上水位计的汽门、水门开启,放水门关闭。

⑨ 所有的压力表一次门开启,所有的流量表一次门开启。

⑩ 空气门开启(给水管路空气门、省煤器部分空气门关闭),对空排汽门开启。

⑪ 引风机入口门经开关试验后关闭,出口门开启。

⑫ 送风机入口门经开关试验后关闭。

⑬ 除尘、除灰渣系统处于可操作状态且启动前关闭。

(8) 转动机械的检查

1) 所有转动机械的安全遮拦及保护罩完整、牢靠,靠背轮联接完好,传动链条、皮带完整、齐全,地脚螺丝不松动。

2) 轴承内的润滑油(脂)洁净,油盒内有足够的润滑油(脂)。油位计完整,指示正确,油位清晰可见,刻有最高、最低及正常油位线;油位应接近正常油位线;放油门或放油丝堵严密不漏。

3) 轴承加油嘴良好,无堵塞,螺丝牢固。

4) 冷却水充足,排水管畅通,水管不漏。

5) 手动盘动靠背轮一周以上应轻快,无卡涩。

6) 电动机应符合《辅规》中厂用电运行的规定,低压电机绝缘不低于 0.5 MΩ,高压电机绝缘不低于 10 MΩ(≥1 MΩ/kV)。

7) 各转动机械轴承温度、振动测点正常。

(9) 其他方面的检查(消防、照明、场地、检修工具)

1) 锅炉及辅机各部位的照明灯头及灯泡齐全,具有足够的亮度。

2）事故照明灯齐全、完好、电源可靠。

3）操作盘及记录表盘的照明充足，光线柔和。

4）检修中临时拆除的平台、楼梯、围栏、盖板、门窗均应恢复原位，所打的孔洞以及损坏的地面，应修补完整。

5）在设备及其周围通道上，不得堆积垃圾杂物，地面不得积水、积油、积料、积渣、积灰。

6）检修中剩余、更换下来的物品，应全部运出现场。

7）检修用脚手架和临时电源应全部拆除。

8）在锅炉附近备有足够的合格的消防用品（如消防沙、消防栓、灭火器、消防桶、锨等）。

9）上述检查完毕后，应将检查结果记录在有关的记录簿内。对所发现的问题，应通知检修负责人予以消除。

4.1.2 启动前试验

（1）转动机械试验

转动机械经过检修，须进行不小于30 min的试运行，以验证其工作的可靠性。转动机械试运行时，应遵守《电业安全工作规程》的有关规定。

1）确认转动机械及其电气设备检修完毕后，联系电气人员进行拉合闸试验、事故按钮试验及联锁装置二次操作回路试验。

2）转动机械试运行时，应符合下列要求：

① 无异声、摩擦和撞击；

② 转动方向正确；

③ 轴承温度与轴承振动符合《辅规》中对转机设备的规定；

④ 轴承无漏油和甩油现象；

⑤ 轴承冷却水畅通，水量充足；

⑥ 启动电流在规定时间内降到正常范围，运行电流正常；

⑦ 转动机械试运行后，应将试运行结果及检查中所发现的问题记录在有关记录簿上。

（2）电动阀门、挡板操作试验

1）联系热工、电气人员，送上各电动阀门、挡板电源及DCS电源。

2）将下列各阀门、挡板作全开全关试验：

① 主给水调整门;给水旁路调整门;空预器旁路电动门及调整门;点火排汽电动门;事故放水电动门及调门;减温水总门;一、二、三级减温水电动门、调整门;连排管路电动门、调整门;蒸汽吹灰进汽门、疏水门;减温水至蒸汽吹灰电动门、调整门;锅炉排污电动门;排污罐至排污坑电动放水门;

② 引、送风机入口电动调节门;除尘器入口门;除尘器旁路一、二次门;除尘器旁路密封门;高、中、低端一次风电动调节门;点火风总门;燃尽风电动调节门;前墙二次风电动调节门门;后墙二次风电动调节门。

(3) 阀门挡板试验标准

1) 试验时 DCS 上阀门开关状态正确,开度指示与实际开度和方向相符;

2) 各连杆和销子,牢固可靠,无松脱弯曲现象;

3) 电机、防护罩、伺服机良好,无摩擦和异常声音。

(4) 漏风试验

锅炉经过检修后,应在冷状态下,以正压、负压试验的方法,检查各部的严密性。

1) 用负压试验检查锅炉本体及烟道的严密性,其程序是:

① 严密关闭各部人孔门、检查孔及打焦门等。

② 启动引风机,保持炉膛负压 -50 ~ -100 Pa。

③ 用小蜡烛(或其他方法)靠近炉膛及烟道进行检查,如炉膛漏风,则火焰被吸向不严密处。

④ 在漏风部位画上记号,试验完毕后,予以堵塞。

2) 用正压试验检查风道及挡板的严密性,其程序是:

① 适当保持炉膛负压 -20 ~ -30 Pa。

② 关闭送风机入口挡板,一、二次风门,点火风门及燃尽风门。

③ 启动送风机,并记录电流值,逐渐开大入口挡板,直至全开为止。在开启入口挡板时,送风机电流应不变。如电流增大,则表明风门挡板有不严密处,应查明原因,予以消除。

(5) 炉内动力场及炉排试验

1) 炉内动力场试验:测定炉内动力场的均匀性。

① 启动引风机、送风机,调整风室压力平衡;

② 调整点火风压力平衡,停止引、送风机运行;

③ 在炉排上均匀撒厚度约 1 cm 的白灰粉;

④ 启动引风机、送风机，缓慢增加送风机开度，调整炉膛负压，观察炉内白粉扬起情况；

⑤ 停止风机运行，观察白粉在四周水冷壁附着情况，观察炉排上白粉厚度变化情况；

⑥ 炉内白灰粉扬起均匀，炉内四周水冷壁白灰粉附着均匀，炉排上白粉厚度均匀。

2）炉排试运转，炉料均匀性试验

① 启动引、送风机；

② 启动炉排电机，观察炉排振动情况，开启点火风，开启给料机进行送料试验；

③ 炉排振动均匀无异音，水冷壁无碰击、摩擦音；送料均匀，料在炉排上沿宽度方向厚度均匀，炉排上料层下落不偏斜。

（6）DCS 操作系统电机拉、合闸及事故按钮试验

锅炉进行联锁试验。要求高压电机送上操作电源，低压电机送上动力电源及操作电源。

1）DCS 操作系统电机拉、合闸试验：

① 依次将引、送风机、取料机、给料机、上料系统电机、振动炉排电机、捞渣机；

② 除尘、输灰系统电机作合闸、拉闸试验；

③ 均能合闸、拉闸，画面中设备状态正确。

2）事故按钮试验：

① 启动油泵，再依次将引、送风机、取料机、炉前给料机合闸。

② 按下列顺序用事故按钮停止油泵，给料机，送风机，引风机。每停掉其中一台，设备由运行状态的红色变为黄色，其相应的操作面板上“跳闸”按钮闪动，事故喇叭发出音响，同时 CRT 上有报警显示。如不动作或误动作，或状态指示不正确，应联系电气、热工查明原因。

③ 分别在各跳闸设备的操作面板上点击“确定”按钮使其复位。

4.1.3 启动前联锁与保护

（1）锅炉联锁

锅炉设计有总联锁等联锁，正常运行中所有联锁均应投入。锅炉总联锁如下操作：

① 当运行中引风机故障停止，联动跳闸运行中的送风机、给料机、振动炉排跳闸，给料机出口逆止阀关闭。

② 当运行中的送风机故障停止时，联动跳闸运行中的给料机、振动炉排跳闸，给料

机出口逆止阀关闭。

（2）锅炉设备联锁及保护

1）送风机

① 启动送风机必须满足下列全部条件：

a） 送风机入口挡板关闭；

b） 耦合器勺管开度在5%以下；

c） 引风机运行；

d） 风机轴承温度低于75 ℃；

e） 风机轴承振动小于4.6 mm/s；

f） 耦合器工作油出口油温低于90 ℃；

g） 耦合器工作油进口油压高于0.05 MPa；

h） 电机轴承温度低于75 ℃；

i） 电机定子温度低于120 ℃。

② 送风机的保护。如果出现下列任一情形，则导致送风机保护动作：

a） 按下紧急停炉按钮动作；

b） 烟气系统的保护动作；

c） 炉膛的保护动作；

d） 锅炉的MFT动作；

e） 电机定子温度高于135 ℃；

f） 耦合器工作油进口油压低于0.03 MPa；

g） 耦合器工作油进口油温高于70 ℃；

h） 耦合器工作油出口油温高于95 ℃；

i） 风机振动≥5.5 mm/s；

j） 引风机停运；

k） 蒸汽系统的保护动作；

l） 水系统的保护动作；

m） 送风机电机轴承温度高于135 ℃。

2）引风机

① 启动引风机必须满足下列全部条件：

a） 引风机入口挡板关闭；

b） 风机轴承温度低于 70 ℃；

c） 风机轴承振动小于 4.6 mm/s；

d） 电机轴承温度低于 75 ℃；

e） 电机定子温度低于 120 ℃；

f） 引风机耦合器工作油压力高于 0.05 MPa；

g） 引风机耦合器工作油压力低于 0.4 MPa；

h） 引风机耦合器工作油入口油温低于 65 ℃；

i） 引风机耦合器工作油出口油温低于 90 ℃。

② 引风机引风机运行时，如送风机停运 10 min 后，则允许停运引风机。

③ 引风机的保护——如果出现下列任一情形，则导致引风机保护动作：

a） 电机定子温度≥135 ℃；

b） 风机振动≥5.5 mm/s；

c） 风机轴承温度≥80 ℃；

d） 电机轴承温度≥85 ℃；

e） 锅炉负压≤ -2 000 Pa 停引风机；

f） 引风机入口压力低于 -7.2 kPa；

g） 引风机耦合器工作油出口油温高 95 ℃；

h） 引风机耦合器工作油入口油温高 70 ℃；

i） 引风机耦合器工作油压力低 0.03 MPa。

3）振动炉排

① 启动必须满足的条件：锅炉的 MFT 没有动作

② 如出现下列情形时，则保护停运振动炉排：振动炉排运行中，锅炉的 MFT 动作；如振动炉排运行时间超过 25 s，则联锁停运振动炉排：

4）振动炉排驱动装置电机的冷却风机

① 操作员启动振动炉排，联锁启动冷却风机；

② 当振动炉排停运 15 min 后，联锁停运冷却风机；

5）锅炉紧急放水电动隔离阀

① 出现下列任一情形联锁开锅炉紧急放水电动截止阀：

a） 汽包水位高于 225 mm（修改为高Ⅱ值）；

b） 汽包水位高于汽包放水动作水位值（根据汽包压力计算）；

② 满足下列全部情形联锁关锅炉紧急放水电动截止阀：

a） 汽包水位低于200 mm（修改为高Ⅰ值）；

b） 汽包水位低于汽包放水动作水位值（根据汽包压力计算）；

③ 出现下列任一情形保护关锅炉紧急放水电动截止阀：

a） 汽包水位低于 -175 mm；

b） 紧急放水调节阀实际开度比阀位计算限值（根据汽包压力计算）大5%；

6）炉排风电动调节门

送风机保护动作，关闭调节门并切换为手动操作。

7）点火总风门电动调节门

送风机保护动作，关闭调节门并切换为手动操作。

8）炉膛燃尽风电动调节门

送风机保护动作后15 s，全开调节门并切换为手动操作。

9）炉膛后墙二次风电动调节门

送风机保护动作，全开调节门并切换为手动操作。

10）炉膛前墙二次风电动调节门

送风机保护动作，全开调节门并切换为手动操作。

11）一级减温水调门

二级过热器入口蒸汽温度低于主汽压力同汽包压力计算出的温度值，调节阀开度禁止增加。

12）二级减温水调门

三级过热器入口蒸汽温度低于主汽压力同汽包压力计算出的温度值，调节阀开度禁止增加。

13）三级减温水调门

四级过热器入口蒸汽温度低于主汽压力同汽包压力计算出的温度值，调节阀开度禁止增加。

14）二级减温水电动截止门

① 二级减温水流量大于1.1 kg/s，延时15 s后联锁开启电动截止门；

② 二级减温水流量小于0.9 kg/s，延时15 s后联锁关闭电动截止门。

15）三级减温水电动截止门

① 三级减温水流量大于0.51 kg/s，延时15 s后联锁开启电动截止门；

② 三级减温水流量小于0.4 kg/s,延时 15 s 后联锁关闭电动截止门。

16）除尘器进/出口旁路门

① 除尘器入出口差压大于 1 500 Pa 开旁路门,关除尘器入口门;

② 烟气冷却器出口温度大于 190 ℃ 开旁路门,关除尘器入口门;

③ 布袋除尘器出口温度小于 120 ℃ 开旁路门,关除尘器入口门。

17）捞渣机

① 启动必须满足下列全部条件:

a） 捞渣机具备远操条件;

b） 捞渣机没有故障;

c） 捞渣机内水位不低报警值 -100 mm(距离最高液位);

d） 当振动炉排停运 2 h 后,停运捞渣机 0.5 h。

② 必须满足下列全部条件,联锁启动捞渣机:

a） 操作员启动振动炉排;

b） 捞渣机具备远操条件;

c） 捞渣机没有故障;

d） 捞渣机内水位不低报警值 -100 mm(距离最高液位)。

③ 出现下列任一情形运行的捞渣机保护停:

a） 捞渣机远操不具备条件;

b） 捞渣机故障;

c） 捞渣机断链;

d） 捞渣机内水位低于报警值 -150 mm(距离最高液位)。

18）除尘器进旁路门

① 除尘器入出口差压大于 1 500 Pa 开旁路门停除尘器;

② 烟气冷却器出口温度 190 ℃ 开旁路门停除尘器;

19）除尘器旁路密封门

① 除尘器旁路出口和入口电动门关闭,并且引风机运行,延时 30 s 后联锁开启门。

② 除尘器旁路出口或入口电动挡板打开,并且引风机运行,联锁关闭门。

20）布袋除尘器

① 除尘器出口温度小于 120 ℃ 开旁路门,关除尘器入口门;

② 进出口差压大于1 000 Pa时开始清灰；

③ 进出口差压小于800 Pa时停止清灰；

④ 进出口差压大于1 200 Pa时开始报警；

⑤ 进出口差压大于1 500 Pa时切除布袋除尘器；

⑥ 喷吹压力大于0.25 MPa时允许相应的清灰室清灰；

⑦ 料位开关高报警关闭出口门，关闭进口门，停止喷吹（清灰），排除积灰。

21）点火排汽门

主蒸汽压力大于9.6 MPa时，联锁打开对点火汽门。

22）吹灰器的保护

如果水系统保护动作，则会导致吹灰器保护。

23）给水泵

汽包水位高一时，闭锁给水泵勺管增加。

4.1.4 启动前保护试验

（1）炉膛压力保护试验

1）炉膛压力保护的使用规定：

锅炉正常运行中，解列炉膛压力保护应经生产部经理批准后由热工人员执行解列操作，恢复时亦由热工人员操作，并做好记录。热工人员定期吹扫保护表管时，由热工人员办理工作票手续后，解列、投入由热工人员执行。

2）炉膛压力保护试验方法：

① 联系热工送上炉膛压力保护电源。

② 解列大联锁开关。

③ 启动引风机、送风机、给料机、启动振动炉排，开启给料机出口逆止门，热工人员预先校正好炉膛压力开关。

④ 热工人员短接炉膛负压开关报警端子，炉膛正、负压报警光字牌亮，方为合格。

⑤ 由热工人员短接炉膛压力开关跳闸端子，发出“炉膛正压大停炉”“炉膛负压大停炉”光字牌信号。送风机、给料机、振动炉排跳闸，给料机出口逆止阀关闭，方为合格。

（2）火焰丧失试验

1）将引、送风机，给料机、振动炉排合闸。

2）联系热工送“全火焰消失”信号，锅炉MFT。

（3）水位保护试验

1）启动引、送风机，给料机、振动炉排。

2）联系热工送“水位低≤－175mm”信号，延时2 s，锅炉 MFT。

3）联系热工送“水位高≥＋275mm”信号，延时2 s，锅炉 MFT。

（4）紧急停炉按钮试验

1）将引、送风机，给料机、振动炉排，投入锅炉联锁。

2）按下“紧急停炉”按钮，锅炉 MFT。

（5）引风机全停试验

1）将引、送风机，给料机、振动炉排合闸。

2）拉下引风机，送风机跳闸，锅炉 MFT。

（6）送风机全停试验

1）将引、送风机，给料机、振动炉排合闸。

2）拉下送风机，锅炉 MFT。

（7）锅炉总联锁试验

1）将引、送风机，给料机、振动炉排合闸。投入锅炉总联锁。

2）拉下引风机，其他设备应跳闸，设备由运行状态的红色变为黄色，其相应的操作面板上“跳闸”按钮闪动，事故喇叭发出音响，同时 CRT 上有报警显示。如不动作或误动作，或状态指示不正确，应联系电气、热工查明原因。然后分别在各跳闸设备的操作面板上点击“确定”按钮使其复位。

（8）锅炉 MFT 试验

1）按复位按钮，机组挂闸，将回转隔板开启20%，开启供热抽汽逆止门、快关阀及供热电动门。

2）由热工人员模拟机组运行负荷20 MW以上，投入炉机连锁开关及抽汽逆止门开关。

3）由热工人员模拟锅炉 MFT 信号，注意：机组负荷在15 s内减至2MW，“炉 MFT”声光信号发出，供热抽汽逆止门、快关阀及供热电动门关闭。

（9）发电机联跳汽机，汽机联跳锅炉 MFT 试验

1）按复位按钮，机组挂闸，调门开启20%。

2）投入“油开关跳闸”保护及炉机电连锁开关。

3）由电气使油开关跳闸，注意：危急遮断电磁阀、AST 电磁阀动作，“汽机跳闸”“AST 跳闸”信号发出；自动主汽门调门迅速关闭；锅炉 MFT。

（10）锅炉协调控制方式

1）机炉协调控制方式：

在锅炉投入吸、送风自动、燃烧自动的情况下，锅炉主控投自动，同时汽机主控也投入自动的情况下，当需求负荷同实际负荷发生偏差时，锅炉通过自动改变风量、燃料量来调整蒸汽量和蒸汽参数，同时汽机通过改变调门的开度来调整蒸汽压力和通流量，在锅炉和汽机两方面的调整下改变实际负荷，达到需求负荷的要求。

机炉协调控制方式投入许可条件：锅炉主控器在“自动”，汽机主控器在“自动”。

2）锅炉跟随调压方式（炉跟机）：

汽机主控投手动，锅炉投入送、吸风自动、给料自动的情况下，锅炉主控投自动时，当需求负荷同实际负荷发生偏差时，锅炉通过自动改变风量、燃料量来调整蒸汽量和蒸汽参数，在锅炉单方面的调整下改变实际负荷，达到需求负荷的要求。

锅炉跟随调压方式投入许可条件：锅炉主控器在“自动”；汽机主控器在“手动。”

3）汽机跟随调压方式（机跟炉）：

锅炉投入送、引风自动、给料自动，锅炉主控投手动，汽机主控投自动的情况下，当需求负荷同实际负荷发生偏差时，汽机通过自动改变调门的开度来调整蒸汽压力和通流量，在汽机单方面的调整下改变实际负荷，达到需求负荷的要求。

汽机跟随调压方式投入许可条件：锅炉主控器在“自动”；汽机主控器在“手动”。

4）机炉手动控制方式：

锅炉和汽机主控均投手动，当需求负荷同实际负荷发生偏差时，锅炉通过手动改变锅炉主控的输出量来改变风量、燃料量调整蒸汽量和蒸汽参数，同时汽机通过手动改变调门的开度来调整蒸汽压力和通流量，达到需求负荷的要求。

机炉手动控制方式投入许可条件：锅炉主控器在“手动”；汽机主控器在“手动”。

4.2 锅炉机组的启动

4.2.1 锅炉上水及水压试验

（1）锅炉上水

1）凝结水泵上水

① 除盐水箱已投入且水质合格；

② 上水温度应控制在35～70 ℃，上水时间冬季不少于3 h，夏季不少于2 h；

③ 联系汽机启动凝结水泵，开启出口门，通过给水管道旁路调整门上水；

④ 上水要缓慢进行，避免发生管道水冲击。上水时严格控制汽包壁温差不超过 40 ℃；

⑤ 所有空气门开启；

⑥ 当水位上至 -100 mm 时，锅炉停止上水；

⑦ 如需做水压试验，上水应至空气门连续冒水后，依次将空气门关闭。

2）给水泵上水

① 除氧器水箱已投入且水质合格；

② 联系汽机启动给水泵；

③ 开启给水旁路电动门、调节门；

④ 用给水泵勺管调节进水速度；

⑤ 上水要缓慢进行，避免发生管道水冲击。上水时严格控制汽包壁温差不超过 40 ℃。

（2）水压试验

1）下列情况应进行工作压力的水压试验：

① 大，小修后的锅炉；

② 承压部件经过事故或暂时检修。

2）下列情况应进行超工作压力的水压试验：

① 新装和迁移的锅炉投运时；

② 停运一年以上的锅炉恢复运行时；

③ 锅炉改造、承压部件经重大修理或更换后，如水冷壁管子更换数量大于 50%，过热器、省煤器成组更换，汽包进行重大修理时；

④ 锅炉严重超压达 1.25 倍工作压力以上时；

⑤ 锅炉严重缺水后受热面大面积变形；

⑥ 根据运行情况，对锅炉设备安全可靠性有怀疑时；

⑦ 在役锅炉经过两个大修期后（结合大修进行）；

⑧ 超压试验的压力为工作压力的 1.25 倍，即：10.3 MPa × 1.25 = 12.9 MPa。

3）水压试验的准备和要求：

① 锅炉作水压试验；

② 锅炉受热面，本体范围管道附近，均应参加水压试验，水位表只参加工作压力试验，脉冲安全门不参加超水压试验；

③ 水压试验时，周围空气温度应高于 5 ℃，否则应有防冻措施；试验用水应具有适当的温度，以适应不同钢种的要求，但不应低于露点温度和高于 70 ℃；为防止合金钢制

造的受压元件在水压试验时造成脆性破裂，水压试验水温还应高于该种钢的脆性转变温度，汽包材料为DIWA353，水温应大于35 ℃。

4）水压试验的操作：

① 联系汽机启动给水泵；

② 用给水旁路门，向锅炉进水升压；

③ 检查各人孔门，检查孔，阀门关闭严密，试验用压力表应准确可靠，精度等级0.5；

④ 水压试验应缓慢进行，升压速度每分钟不超过0.294 MPa；就地监视人员应与控制室密切联系，控制升压速度；

⑤ 待压力升至10.3 MPa，严密关闭进水门，通知检修人员检查泄漏情况，当全面检查及试验完毕后，方可降压，降压应缓慢进行。

5）进行超水压试验，当汽包压力升至工作压力时，应暂停升压，检查承压部件有无漏水等异常现象。若情况正常，解列就地水位计，解列脉冲安全门并将主安全门压住。将压力缓慢升至超水压试验压力，升压速度不超过0.1 MPa/min，保持20 min，然后降至工作压力进行检查。

6）锅炉经过水压试验，符合下列条件即为合格，否则应查明原因消除缺陷：

① 停止上水后（在给水门不漏的条件下），经过5 min，压力下降值不超过0.2 ~ 0.3 MPa；

② 降压后承压部件无变形的迹象；

③ 承压部件无漏水及湿润现象。

7）水压试验后，通过连排或定排放水，放水放压速度不超过0.294 MPa/min。将水位放至汽包水位计的 -100 mm处，准备点火。

4.2.2 锅炉的冷态启动

（1）启动前的准备

1）打开除尘器旁路，关闭除尘器入口门。

2）投入暖风器运行。

3）分别启动引风机、送风机。

4）投入锅炉总联锁。

5）开启风机入口挡板并调整转速，维持炉膛负压 -50 Pa。

6）各吹扫条件满足后，选择“锅炉吹扫请求“，调整送风系统控制器的设定值，维持空气流量26 kg/s,计时器启动。

吹扫条件:

① 炉膛没有火焰被检测到;

② 引风机运行;

③ 送风机运行;

④ 汽包水位正常;

⑤ 给料机逆止阀在关闭位置;

⑥ 油燃烧器没有运行;

⑦ 风量大于26 kg/s。

7) 进行锅炉吹扫,吹扫时间5 min。如总风量维持在10 kg/s以上26 kg/s以下,锅炉吹扫10 min或30 min。

8) 如吹扫条件不满足,吹扫中断。待条件满足后,重新吹扫。

9) 吹扫结束,MFT复位,准备点火。

(2) 锅炉点火及升压

1) 关闭一次风门,二次风门微开或关闭。

2) 检查燃油系统正常,油罐油位、油温正常。

3) 启动燃油泵,开启油泵出口门;调整油压正常1.0 MPa。

4) 检查炉前燃油系统,供油回路及回油回路手截门开启。

5) 投入油燃烧器点火。

① 启动油燃烧器:启动风机—风门全开—吹扫—风门关至最小点火位—油泵启动—进、回油电磁阀开—打火—点燃油枪;

② 检查油枪供油压力、回油压力、雾化燃烧正常。

6) 锅炉升温时,应密切监视汽包的温升速率。如果汽包的温升速率超过规定值,降低燃烧。

7) 锅炉起压后,点火排汽开启1/2圈。

8) 联系化学化验给水、炉水品质。

9) 锅炉压力升至0.1 MPa时,冲洗就地水位计。

10) 当压力升至0.1~0.2 MPa,开启主蒸汽电动门旁路门,主蒸汽管道暖管。

11) 当压力升到0.2、0.5、2.5 MPa进行定期排污,在膨胀不正常时,应适当增加排污的次数,并暂停升压,待查明原因膨胀正常后继续升压。

12）当锅炉需进水时，联系汽机启动给水泵并投入给水自动。

13）当压力升至0.3～0.5 MPa，热紧锅炉人孔，管道法兰，在进行此项工作时，应保持汽压稳定停止升压。

14）大修后的锅炉，当压力升到0.3、1.5、9.0 MPa时，记录膨胀指示器。膨胀记录应作详细检查。如发现膨胀不均或汽包上、下壁温差大于40 ℃时，应停止升压进行处理。

15）当主蒸汽管道温度达到规定值时，开启主蒸汽电动门，关闭主蒸汽电动门旁路门，并关闭过热器疏水门。

16）当蒸汽压力达到0.6 MPa时，将一次风量和二次风量设定为30%负荷值，启动给料机将生物质燃料播散在炉排高端。当炉排上燃料层达到15 cm左右的厚度时，给料机停止运行。

17）当炉排上的生物质燃料开始燃烧时，振动炉排开始以30%负荷振动。

18）当炉排上燃料的燃烧状况良好时，给料机以最小负荷启动。根据锅炉压力、温度上升情况并逐渐关小油枪。

19）当三级过热器下面炉膛温度超过450 ℃，且燃烧比较稳定时，停止油枪，从炉膛中退出，用闸门覆盖燃烧器孔。

20）根据汽温情况投入减温水，控制温度正常。

21）汽压0.8 MPa，连续排污投入。

22）当炉侧主蒸汽温度250～300 ℃，主蒸汽压力1.0～1.5 MPa时，达到冲转参数，通知化学化验蒸汽品质。汽机冲转期间锅炉应保持蒸汽参数稳定，冲转前参数以炉指示表为准。

23）除尘器入口烟温高于110 ℃时且油枪退出。开启除尘器入口门，关闭旁路门。

24）当三级过热器下面的炉膛温度达到500 ℃时，最小蒸汽流量应该为8 t/h。

25）发电机并网后，根据负荷情况增加给料机转速和风量。

26）逐渐关闭点火排汽。

27）负荷升至15 MW，联系汽机定压，定压后全面检查一次。

28）大修后的锅炉，如需进行安全门校验工作时，应按安全门校验规定进行。

29）当蒸汽压力已经达到100%（额定）值时，可以按允许的增加速率来提高负荷。负荷升至满负荷后，投入减温水自动、给料自动、引、送风机自动。

30）开启给水至空气预热器入口门，投入空预器及烟气冷却器。

（3）锅炉点火升压注意事项

1）点火过程中，为了避免金属超温，不允许烟温超过钢材的允许温度。应按以下要求操作：锅炉起压待空气门有气冒出，关闭过热器空气门。起压后炉水温度按100 ℃/h均匀上升，当汽压升至0.294 MPa时，可随锅炉一起升温、升压。

2）新炉或大小修后的锅炉从0升至8.82 MPa，时间一般不小于160 min，停炉2天以内，升压时间可以根据具体情况适当缩短。

3）在升压过程中应严格控制汽包上、下壁温差不大于40 ℃，如果温差有上升趋势，可增大排汽量或加强排污，尤其是在0.98 MPa以内。

4）升压过程中，过热器温应低于额定值50～60 ℃，高温过热器壁温不超过455 ℃。

5）一般控制，升压速度0.03～0.05 MPa/min，升温速度1～2 ℃/min，饱和温度<1 ℃/min。

6）在升压过程中如因在某升压阶段内，未能达到预定汽压时，不得关小排汽或多投燃料赶火升压。

7）如点火不着或燃烧不稳定时，应停止给料并停炉进行炉膛通风。

8）在升压过程中应加强监视锅炉各受热、受压部件的膨胀情况，发现异常及时查明原因，必要时停止升压，待消除故障后再继续升压。

9）升压过程中，应加强对炉膛温度及水位监视。

（4）锅炉启动程序的描述

以下是对锅炉启动过程程序的时段性描述。表4－1所示为锅炉滑参数启动曲线。

1）位于炉膛内的燃油点火燃烧器启动（00:00），从而将蒸发系统内的水加热到100 ℃（01:58）。

2）当水温达到100 ℃后，蒸发受热面中便产生蒸汽（1.1 kg/s），这些蒸汽通过过热器后进入除氧器，加热其中的水。同时，给水泵启动，增加水流量（4.8 kg/s），以便循环水首先通过空气预热器回到除氧器中（01:58～02:12），然后开启空气预热器与烟气冷却器间阀门，此时循环水通过空气预热器和烟气冷却器回到除氧器（02:16～02:48）。

3）当空气预热器和烟气冷却器中的冷水循环回除氧器后，调节给水流量（02:52），以便4.8 kg/s的水流直接从除氧器送入到空气预热器、烟气冷却器中，然后在回到除氧器，同时使整个系统升温。

4）当烟气冷却器中的水温达到90 ℃时，开始投料（04:48），同时逐步关闭启动燃烧器。当蒸汽量增加，同时满足蒸发受热面的升温速度为1.5 ℃/min时，生物燃料的给料量以每分钟 250 kW 负荷的速度增加。

5）锅炉投入生物燃料后，蒸发受热面内的压力升为 0.5 MPa。蒸汽量超 1.1 kg/s 时，冷凝器抽成真空后，汽轮机内形成汽封蒸汽。自此以后，汽轮机旁路投入运行（05:02），冷凝器中形成的冷凝水回到除氧器中。

6）蒸汽量达到 4.8 kg/s 时（05:18），锅炉循环投入正常运行、给水通过空气预热器、烟气冷却器、省煤器进入汽包，这些给水在蒸发受热面中产生相应的蒸汽。

7）生物燃料燃烧负荷达到 50% 负荷（05:52）时，蒸发受热面中的压力达到 3.5 MPa。此时过热度超过 50 ℃的过热蒸汽开始启动汽轮机，同时投入高低压加热器。另外，停止从主蒸汽管道向除氧器的供汽，取而代之的是汽轮机后的抽汽。此后，进入除氧器的蒸汽量不断增加，直到其中的温度达到 165 ℃，此温度通过不断从汽轮出来的蒸汽来保持。

8）蒸汽量继续增加，蒸发受热面中的压力升高，一直达到 10.3 MPa（06:48），此压力通过不断增加的燃料量和蒸汽量来保持，直到燃料燃烧量达到 100% 负荷（07:12）时投入正常运行。

9）开始点火至锅炉满负荷运行所需时间约为 7 h 15 min。

表 4－1　锅炉滑参数启动曲线表

时间/min	汽压/MPa	汽温/℃	负荷
点火前	0	100	0
40	0.1	130	0
30	0.5	250	0
5	0.7	260	0 ~ 500 r/min
5	0.8	300	500 r/min
5	1.0	340	500 ~ 1 400 r/min
15	1.5	350	1 400 r/min
5	2.0	370	1 400 ~ 2 400 r/min
15	2.6	380	2 400 r/min
5	3.0	380	2 400 ~ 3 000 r/min
15	3.0	400	并列
5	3.5	420	1 MW
5	3.5	420	3 MW
20	4.6	460	8 MW
20	5.8	480	13 MW
30	汽压汽温升至额定值		13 ~ 30 MW

4.2.3 锅炉的热态启动

（1）锅炉启动时，需进行以下工作：

1）当汽机高压缸，内缸下壁温度高于150 ℃时，机组的启动成为热态启动。

2）热态启动前的检查、准备和冷态启动相同，但不必进行炉内检查及联锁、挡板试验。

3）热态启动时，汽机对锅炉有下列要求：

① 冲转参数主要决定于汽缸壁温度，要求锅炉温度比汽缸下壁温度高，当汽缸下壁温度在350 ℃以下时，汽温应高80 ℃，350 ℃以上时应高50 ℃，400 ℃以上应高20～30 ℃，430 ℃以上可以等温冲转。但在任何情况下，必须有50 ℃以上的过热度。

② 由于各种原因，使参数达不到热态启动曲线表规定时，应及时与汽机加强联系，按汽机要求执行。

③ 汽机冲转后，将在很短时间内完成定速、并列、带负荷等各项工作，所以锅炉应将汽压、汽温稳定在所需参数之内，以防汽轮机汽缸温度下降。

④ 如因故障停机、停炉后，机组的启动参数，应尽量满足汽机要求，必要时与汽机协商，配合操作。

⑤ 热态启动中，锅炉升温、升压速度：升温速度1～2 ℃/min；升压速度0.03～0.05 MPa/min。

⑥ 全开点火排汽，降低升压速度，加大排汽来提高汽温，或联系汽机开大主汽管道疏水门来提高汽温。

（2）热态启动操作：

1）打开除尘器旁路，关闭除尘器入口挡板。

2）投入锅炉总联锁。

3）分别启动引风机、送风机。

4）开启风机入口挡板并调整转速，开启一、二次风挡板，维持炉膛负压50 Pa，维持空气流量100 t/h。

5）各吹扫条件满足后，进行锅炉吹扫，吹扫时间10 min。

6）如吹扫条件不满足，吹扫中断。待条件满足后，重新吹扫。

7）吹扫结束，MFT复位，准备点火。

8）关闭一、二次风门。

9）当锅炉需进水时，联系汽机启动给水泵。

10）投入油枪点火，调整一、二次风，雾化燃烧良好，不冒黑烟。

11）锅炉升温时，应密切监视汽包的温升速率。如果汽包的温升速率超过规定值，降低燃烧。

12）当蒸汽压力达到0.6 MPa时，通过给料机将生物质燃料播散在炉排高端。相对应于给料机在40%负荷下持续运行5 min。当炉排上燃料层达到足够厚度时，给料机停止运行。

13）一、二次风量设定为30%负荷值。

14）打开电动主汽门旁路，主蒸汽管道暖管结束，开启主蒸汽电动门并关闭过热器疏水门。

15）当炉侧主蒸汽温度250～300 ℃，主蒸汽压力1.0～1.5 MPa时，通知化学进行化验并达到冲转参数。汽机冲转期间锅炉应保持蒸汽参数稳定，冲转前参数以炉侧指示表为准。

16）当炉排上的生物质燃料开始燃烧时，振动炉排开始以30%负荷振动。

17）当炉排上燃料的燃烧状况良好时，给料机逐个以最小负荷启动。

18）除尘器入口烟温高于110 ℃时，开启除尘器入口挡板，关闭旁路挡板。

19）当三级过热器下面的炉膛温度超过450 ℃，且燃烧比较稳定，停止油枪，从炉膛中退出，用闸门覆盖燃烧器孔。

20）当三级过热器下面的炉膛温度达到500 ℃时，最小蒸汽流量应该为8 t/h。

21）发电机并网后，根据负荷情况增加给料机转速和风量。

22）逐步关闭点火排汽。

23）根据汽温情况投入减温水，控制温度正常。

24）当蒸汽压力已经达到额定值时，可以按允许的增加速率来提高负荷。

25）开启给水至空气预热器入口门。

4.3 锅炉正常运行与调整

4.3.1 锅炉经济运行参数

（1）锅炉经济运行参数

1）锅炉额定蒸发量：130 t/h；

2）饱和蒸汽压力：10.3 MPa；

3）过热蒸汽压力：9.2 MPa；

4）过热蒸汽温度:540^{+5}_{-10} ℃；

5）汽包水位：±20 mm；

6）给水压力:12.6 MPa,10.0 MPa 给水泵联动；

7）给水温度:220 ℃；

8）排烟温度:130 ℃；

9）两侧烟温差：<30 ℃；

10）锅炉效率:93.1%。

（2）汽机有关极限参数

规定如下：

1）汽温的规定:汽机电动主汽门前汽温升高到545 ℃时,要求锅炉恢复,当汽温升高至551～560 ℃,运行时间超过15 min或汽温超过560 ℃时,立即打闸停机。

汽温降至510 ℃时,要求锅炉立即恢复。降至505 ℃时,按表4－2减负荷停机。

表4－2　汽温与负荷的关系

汽温/℃	470	468	466	464	462	460	458	456
负荷/MW	30	23	21	19	17	15	13	11
汽温/℃	454	452	450	448	446	444	442	440
负荷/MW	9	7	5	3	2	1	0	停机

在主蒸汽参数变化时,应对照表计迅速处理,严格监视轴向位移,推力瓦温度、机组振动、相对膨胀和各监视段压力。

2）汽压的规定:汽机电动主汽门前汽压升高到9.32 MPa,联系锅炉要求恢复,继续升高到10.15 MPa时,同时用电动主汽门节流,使自动主汽门前压力不超过9.32 MPa。压力升高至10.15 MPa时的累积时间在任何工况下不得超过15 min。

汽压降至8.3 MPa时,要求锅炉立即恢复,不能恢复时,按表4－3减负荷。

表4－3　汽压与负荷的关系

汽压/MPa	8.4	8.2	8.0	7.8	7.6	7.4	7.2
负荷/MW	30	23	21	19	17	15	13
汽压/MPa	7.0	6.8	6.6	6.4	6.2	6.0	5.9
负荷/MW	11	9	7	5	3	1	0

负荷减至“0”若各部正常,应维持空负荷运行并调整主抽气器进汽压力。

4.3.2 锅炉机组的水位调整

（1）水位的调整

1）锅炉给水应均匀，水位应保持在“0”位，正常波动范围为±20 mm，最大不超过±50 mm。在正常运行中，不允许中断锅炉给水。

2）正常运行时，锅炉水位应以汽包就地水位计为准，汽包水位计应清晰，照明充足，无漏汽，漏水现象。水位线应轻微波动，若水位不波动或云母片模糊不清时，应及时冲洗。

3）当给水自动投入时，应经常监视给水自动的工作情况及锅炉水位的变化，保持给水量变化平稳，避免调整幅度过大，并经常对照蒸汽流量与给水流量是否相符合。若给水自动失灵，应立即解列自动，该为手动调整水位，并通知热工人员查明故障原因并及时消除。

4）在运行中，应经常监视给水压力和给水温度的变化，若给水压力低于12.5 MPa，给水温度低于220 ℃时，应联系汽机恢复给水压力和给水温度。若给水压力不能恢复时，减少负荷，以维持锅炉水位。

5）各水位表计必须指示正确，并有两只以上投入运行。每班应与就地水位校对二次，若水位不一致，应验证汽包水位计的指示正确性（必要时还应冲洗）。若水位表指示不正确，应通知热工人员处理。

6）汽包水位高、低报警信号应可靠，并定期进行校验。

7）锅炉在负荷、汽压、给水压力发生变化和排污时，应加强对水位的监视与调整，防止缺、满水。

8）锅炉定期排污时，应在低负荷时进行，每循环回路的排污持续时间为：排污门全开后，不超过半 min。不准同时开启两个以上的排污门。

9）锅炉点火初期，水位表指示不正确，应派专人就地监视汽包水位的变化。

10）在事故情况下，应加强对水位的监视与调整。

（2）水位计的投入

1）水位计投入前应检查水位计及保护罩完整，照明良好。

2）稍开水位计放水门，将汽、水侧二次门开启1/4～1/3圈。

3）缓慢微开汽、水侧一次门，暖管3～5 min后，开足汽、水侧一次门。

4）关闭放水门，全开二次门，水位计应出现水位，并有轻微波动。

5）水位计投入后，应校对两只汽包水位计的指示情况，应有明显的水位指示，水位计无泄漏现象。

（3）水位计的冲洗

1）将汽侧二次门关闭后开启1/4～1/3圈，然后水侧照此操作。再开启放水门，使汽、水管路，云母板及平板玻璃得到冲洗。

2）关闭水侧二次门，冲洗汽管路及云母片，然后开启水侧二次门1/4～1/3圈，关闭汽侧二次门，冲洗水管路，然后开启汽侧二次门1/4～1/3圈。

3）关闭放水门。放水门关闭后，水位应很快上升并有轻微波动，若上升很慢或水位指示仍不清楚，应再冲洗一次。

4）全开二次门。

5）汽包水位计的投用及冲洗应注意下列事项：

① 冲洗水位计时应注意安全，操作人员不应面对水位计，要求服装完整，戴好防护手套。

② 带小球的汽、水门，冲洗时必须关小以防小球堵塞；在冲洗后投入时，开启汽、水侧二次门必须同时缓慢进行。

③ 禁止将汽、水门同时关闭，以免冷却太快而损坏云母片。

④ 冲洗时间不宜太长。

⑤ 在冲洗过程中，如发现云母片及平板玻璃损坏或阀门泄漏严重时，应及时解除水位计。

4.3.3 锅炉机组的汽温调整

（1）汽温的调整

1）锅炉在正常运行中，应保持过热蒸汽温度540^{+5}_{-10}℃运行。

2）在正常运行中，应严格监视和调整汽温的变化，并监视各级过热器的壁温和汽温的变化情况，及时进行调整。

3）稳定汽温首先从稳定燃烧及稳定汽压着手，燃烧及汽压稳定了，汽温一般波动不会太大，特别是在减温水没有余度或减温水没有投入的情况下，更应注意燃烧及汽压的稳定。

4）当负荷变化及投入和停止给料机时，必须注意汽温的变化和调整。

5）调整减温水时，应缓慢平稳，避免大幅度的调整。减温器的使用应合理，应以二级为主，一、三级为辅。若投入一、二级减温器时，应严格监视减温器出口汽温应高于该压力下的饱和温度，并有一定的过热度，而各管之间的温差不应超过30 ℃。

6）负荷在70%～100%范围内，汽温应保持额定汽温，当负荷40%～70%时，汽温值可参阅滑参数停炉曲线中相对应压力、负荷下的汽温值。

7）汽温的变化是与汽压、负荷的变化密切相关的，因此当燃烧、负荷、汽压变化时应作出汽温变化范围的判断，及时调整减温水量。

8）在负荷高，汽温低时，尤应注意汽温的变化，严防蒸汽带水。如汽温调整无效时，可将汽压保持低一些，以使汽温、汽压相对应，仍低时，减低机组负荷。

9）应加强对水位的监视，保持汽包水位稳定。在给水压力变化时，应加强对水位监视与调整。

10）加强对受热面的吹灰工作，保持受热面清洁。

（2）影响汽温变化的因素

1）锅炉燃烧不稳或运行工况变化时；

2）锅炉打焦、吹灰时；

3）给水温度变化大，尤其是高加投、停时；

4）增减负荷及水位变化过大时；

5）投、停给料机或给料不均时；

6）燃料性质发生变化时；

7）锅炉发生事故时；

8）锅炉机组大量漏风时；

9）受热面结焦，积灰严重时；

10）炉排振动时。

4.3.4 锅炉机组的汽压和燃烧调整

（1）汽压的调整

1）与电气及汽机加强联系，保持负荷稳定。

2）经常注意给料机电流的变化和炉排上的燃烧情况，及时发现并处理给料机堵塞。

3）吹灰、打焦时应注意汽压的变化，及时调整。

4）负荷变化及压力变化，尽量少启停给料机来调整压力，应用调整锅炉进料量的方法。

5）调整时，应勤调、少调，风与燃料的增减不可过多，应缓慢进行，以免影响燃烧工况。

6）压力自动调节器的投入，应根据燃烧和汽温情况投入给料自动、炉排振动投入自动时，应经常监视自动的工作情况，自动失灵或调整不及时时，应改为手动调整，并通知热工值班人员进行处理。

7）油枪投入时，应经常检查油枪的雾化情况。

（2）锅炉燃烧调整

1）锅炉正常运行中，给料机应全部投入，用风应均匀，火焰不应偏斜，火焰峰面应位于炉排中部。要勤观察燃料种类变化，根据燃料种类变化调整落料点，调整燃烧状况。

2）锅炉正常运行中，炉膛负压应保持 $-30 \sim -50$ Pa 运行。

3）炉内燃烧工况应正常，各级二次风调整应合理，使燃料燃烧完全、稳定。炉内火焰应呈光亮的金黄色，排烟呈灰白色。

4）风与燃料配比应合理，一、二次风的使用应适当。氧量应保持在 3% ~5% ，最大不超过 6% 。

5）合理调整炉排 3 段风量分配，保证预热区、燃烧区、燃烬区位置合理，炉排后部 500 mm 处没有火焰，前部 500 mm 处应基本燃烬。

6）燃料水分偏高时应采用厚料层。

7）保持给料系统运行稳定，燃料性质应稳定，如燃料性质发生变化时，在燃烧调整上做到心中有数。

8）在启、停给料机、吹灰时，应严加监视炉膛负压的变化，如发现燃烧不稳时，应停止上述操作。

9）对锅炉燃烧应做到勤看火、勤调整，监视炉膛负压及火焰监视器的变化情况，经常观察火焰电视。

10）炉排燃烧时必须定期监视，这样才能够完全掌握炉排和灰渣出口区域燃料的燃烧状况。

11）如果炉排上的燃料过少，会使着火不稳定，而且可能导致结焦阻碍燃料的燃烧。

12）如果炉排上的燃料过多，燃料燃烧不完全，在炉排振动过程中会使炉膛燃烧紊乱。

13）当炉排震动幅度过大，一些燃料来不及燃烧就会排入落渣口，增加了锅炉机械不完全燃烧，降低了锅炉的整体热效率。

14）如果炉排中、上部的空气量过大，炉排上的火焰就会抬高。火焰应集中在炉排中部和下部之间，在炉排的顶部（0.5 m）看不到或者只能看到一点火焰。

15）烟气中氧量过高，就表明了给料过少或振动幅度太大。

16）炉排振动原则：厚料层7 min振动一次，振动一次8 s，薄料层4 min振动一次，振动一次5 s。

17）炉排振动是周期运行，当炉排振动时，炉排上的燃料被搅动，释放出大量的气体使炉内燃烧加强，造成锅炉压力升高，负荷增加。并导致炉内空气量减少，一氧化碳的排放量增加。所以在炉排振动时，应特别注意，炉排振动前风量会发生下列变化：

① 保持总风量不变，只改变总风量分配。

② 在炉排振动前会减少一次风量。

③ 增加二次风量。

④ 在炉排暂停时间（振动周期三分之二时间），逐渐改变风量分配，使风量返回正常。

18）要适当控制炉前点火风的压力，当点火风压力过高时，燃料投入时分布会很长，甚至分布在炉排上超过75%的地方，燃烧就不会均匀。燃料投入的长度依靠点火风的压力来调节，其分布依靠风门来调节。

19）锅炉在不超过设计流量和温度下运行，由汽机控制锅炉出口压在9.2 MPa，锅炉的最小运行负荷是40%。

20）燃烧调整过程中，严禁两侧烟温差大于30 ℃。

21）运行中，如锅炉灭火，应严格按照灭火事故进行处理。

22）监盘要集中，特别是在启、停炉、负荷偏低、负荷变动较大、燃料较差、燃烧不稳时更应严密监视燃烧工况的变化。正确判断灭火与锅炉塌灰、掉焦现象的区别及正确方法，防止误判断而扩大事故。

23）锅炉正常运行中，油系统及点火装置应可靠备用，并定期检查、试验。

（3）低负荷调整

1）低负荷时风与燃料配比应合理，一、二次风的使用应适当。

2）保持给料系统运行稳定，燃料性质应稳定，如燃料性质发生变化时，在燃烧调整上做到心中有数。

3）对锅炉燃烧应做到勤看火、勤调整，监视炉膛负压、温度及火焰监视器的变化情况，经常观察火焰电视。

4）低负荷时严禁除灰、打焦工作。

5）低负荷时应减少炉排振动次数，防止影响燃烧稳定。

6）低负荷时应加强的专业联系，防止负荷变化过大。

4.3.5 锅炉吹灰

（1）吹灰的注意事项

1）为了消除锅炉受热面积灰，保持受热面清洁，防止炉膛严重结焦，提高传热效果，应定期对锅炉进行吹灰。

2）锅炉吹灰，须征得主值同意后方可进行。吹灰时，要保持燃烧稳定，适当提高炉膛负压，加强对汽压、汽温的监视与调整。

3）吹灰时，负荷要在18 MW以上。

（2）锅炉吹灰操作方法

1）全开吹灰进汽电动门。

2）维持吹灰压力2 ~4 MPa，温度350 ℃。

3）全开吹灰疏水门，充分暖管、疏水后，待疏水温度升高到280 ℃以上时，疏水门自动关闭。

4）点击操作面板上的“程控”按钮和“进行”按钮，自动进行蒸汽吹灰，程序禁止两台及以上吹灰器同时进行吹灰工作。

5）若个别吹灰器损坏，可以在跳步面板上将其点红。程控吹灰时，将跳过该吹灰器，其他吹灰器仍按照程序进行吹灰。

6）吹灰结束后，关闭吹灰进汽门和进汽调整门。

7）关闭吹灰减温减压电动门和调整吹灰减温减压调整门。

8）发现吹灰器卡住，应立即将自动改为手动退出，同时严禁中断汽源，可适当降低吹灰压力（1.0 MPa左右），联系检修将其退出。

吹灰器的预热和顺序控制可以通过就地控制盘（LCP）来操作。

（3）吹灰程序

1）顺序1——完整的顺序

① 吹灰器暖管疏水。

② 吹灰顺序按炉膛短吹11台，一、二级过热器长吹5台，省煤器和烟气冷却器耙吹8台。

③ 吹灰完毕，系统保持压力，热备用状态。

2）顺序2——炉膛吹灰

① 吹灰器暖管疏水。

② 吹灰顺序炉膛短吹 IR1 - IR11。

③ 吹灰完毕，系统保持压力，热备用状态。

3）顺序3—— 一、二级过热器吹灰

① 吹灰器系统的预热。

② 吹灰顺序一、二级过热器长吹 IR - 525 - 1 ~ IR - 525 - 7。

③ 吹灰完毕，系统保持压力，热备用状态。

4）顺序4——省煤器、烟气冷却器回程吹灰

① 吹灰器系统的预热。

② 吹灰顺序省煤器、烟气冷却器长吹 IK - 525SL1 ~ IK - 525SL7。

③ 吹灰完毕，系统保持压力，热备用状态。

当没有进行吹灰时，吹灰器系统要保持压力以减少腐蚀的危险。这种模式称为"热备用模式"，并由就地操作盘来控制。

操作人员可以随时中断正在进行的吹灰顺序。顺序的中断意味着工作吹灰器立即收缩回来，当所有的吹灰器都收缩回来后，将停运吹灰系统。

如果锅炉汽包水位保护装置没有显示水位大于极限值，但引发了总燃料跳闸，作为保护联锁，自动给出中断命令。

4.3.6 锅炉排污

（1）为了保持锅炉受热面内部清洁，保证锅炉汽水品质合格，必须对锅炉进行排污。

（2）锅炉汽水品质由化学取样分析，排污工作应根据化学人员的要求进行。

1）连续排污：是排汽包内的悬浮物，以维持额定的炉水含盐量。

2）定期排污：从下部集箱排除炉内的沉淀物，改善炉水品质。

（3）连续排污的操作：

接到化学投入连续排污的通知后，开启连排一、二次门，根据化学要求调整连排电动调整门的开度。

（4）定期排污的操作：

1）定期排污根据化学通知进行。

2）检查各集箱排污一、二次门在关闭位置，开启排污电动总门。

3）逐个开启各集箱排污一、二次门，各排污门排污时间为0.5 min。

4）依以上操作，各阀门排污完毕后，关闭排污总门。

5）排污完毕后，应检查排污门的严密性。

（5）排污注意事项：

1）排污工作应在低负荷时进行，注意监视和及时调整水位。

2）排污工作，应征得主值同意后方可进行。

3）排污时，阀门开关要缓慢，开不动时不能强开，已损坏的排污门不准排污，不准开启2个以上的排污门同时排污。

4）锅炉发生事故时，应停止排污（满水事故除外）。

5）排污地点照明应良好，排污时，应戴好劳动保护。

第5章 现场汽轮机启动与运行调整步骤

5.1 启动前的准备

5.1.1 试转前的注意事项及有关规定

（1）试转前的注意事项

1）DCS操作、监控系统的检查项目。

2）画面切换及鼠标反应灵活可靠。

3）界面按钮的操作反应迅速。

4）监控数据齐全、准确。

5）电动门、调整门开关、调节操作准确，信号显示正确，与就地情况相符。

6）试转前应了解试转的要求与范围，设备异动情况，并实地检查检修工作票是否终结，取下警告牌。脚手架是否拆除，现场有无其他杂物（含工具），设备及管道各部件完整，保温良好，孔门关好，转动部分防护罩及安全设施完好。消防设施齐全，照明光足。

7）通知热工人员投入有关仪表和自动装置，并送上保护及信号电源，若遇重要仪表或保护装置失灵等影响安全时，不得进行试转操作。

8）辅机试转前，应详细检查各转动机械完好，对能盘动转子的辅机，应手盘转子灵活，油位及冷却水均正常。

9）电动机应检查接地良好，电动机停用时间超过半月，须由电气测量绝缘合格后方可送电，检修后起动应注意电动机转动方向正确。

10）辅机试转，值班人员应到场。检修后的辅机试转，检修负责人应到场。

11）电动门应先校验高低限良好，阀门关闭后开度指示应在零位。调整门的开度必须与DCS屏上的反馈信号相符。

(2) 辅机启停操作的有关规定

1) 各辅机启停操作正常准确,信号显示正确。

2) 对泵的操作必须在 DCS 画面调出仪表操作框进行操作。

3) 各电动门、电动调整门的操作采用在 DCS 画面上调出仪表操作框进行操作。

(3) 电动门、调整门的校验

1) 电动门调整门校验前注意事项:

① 电动门调整门检修后的校验应会同机务和电热人员参加,以便及时调整。

② 检查并保证电动门、调整门的阀门处于电动位置上,才能接通电源,校验工作须处在阀门的开与关对系统无影响下进行。

2) 电动门、调整门的校验方法:

电动门、调整门应先将阀门手操几圈,检查转动机械灵活,方可进行校验工作,校验时应有专人监视阀门的运转情况。

电动门的高限要求:校验阀门高限行程动作正常,开度指示在 90% ~100% 范围内。

电动门的低限要求:校验阀门低限行程动作正常,开度指示接近零位。

5.1.2 热工保护项目及校验方法

如表 5-1 所示,在热工设备操作过程存在相关保护项目。

表 5-1 热工保护项目

名 称	定 值	名 称	定 值
低油压	0.06 MPa	推力瓦及轴承回油温度	70 ℃
低真空	-60 kPa	推力瓦块及轴瓦温度	100 ℃
轴向位移	$^{+1.5}_{-1.5}$ mm	发电机主保护	发电机故障
汽机超速	3 360 r/min	电超速	3 270 r/min

(1) 油泵试验和低油压保护试验

1) 起动低压油泵

① 启动前检查:油泵入口门全开、冷却水正常、出口阀关闭、手盘转子灵活,停运超过一周应测电机绝缘合格,轴承油位正常。

② 启动:投入操作开关,空负荷电流正常,油泵和电机不应有异常振动和声音,轴承和盘根不过热,缓慢全开出口阀。

③ 开出口门时注意检查油管路无漏油,油箱油位油压正常,主机各轴承油流正常,排除系统中气体。

④ 运行正常后停运,开出口门做备用。

2）低油压校验方法:

① 联系热工人员到场,并送上热工保护电源。

② 按上述启动低压油泵。

③ 投入低油压保护(以下各项校验为投入相应保护)。

④ 复置电动脱扣器及手动脱扣器,检查安全油压事故油压正常。

⑤ 开自动主汽门升至20 mm处。

⑥ 投入盘车装置。

⑦ 关闭油压继电器来油门。

⑧ 缓慢开放油门降低油压。

⑨ 在润滑油压逐渐降低时,应注意当油压下降至0.08 MPa时,发出低油压报警信号。

⑩ 当润滑油压降至0.07 MPa时低压交流油泵自投。

⑪ 当润滑油压降至0.06 MPa时直流油泵自投。

⑫ 润滑油压降低至0.06 MPa时,磁力断路器动作,自动主汽门,调速汽门、抽汽逆止门应迅速关闭。

⑬ 润滑油压降低至0.03 MPa时,盘车装置自停,复位控制按钮。

⑭ 自动主汽门启动阀复位,关闭放油门,开启油压继电器来油门。

⑮ 解除“低油压联锁”。

⑯ 停止交、直流油泵。

3）低真空保护校验

① 由热工人员将低真空保护继电器主副指针相碰后即分开,同样方法校验两次。

② 检查磁力遮断器动作,自动主汽门落座,低真空报警。

③ 自动主汽门启动阀复位,通知热工人员恢复。

④ 解除“低真空保护“。

4）轴向位移校验方法

① 由热工人员配合调轴向位移数字表,当数字表指示到+1.0 mm时位移达报警,达+1.5 mm时检查磁力断路器动作,自动主汽门落座。

② 将轴向位移表恢复至原位。

③ 自动主汽门启动阀复位。

④ 解除轴向位移保护。

⑤ 将轴向位移指示针恢复至原状,固定螺丝旋紧。

5）汽机超速保护校验方法

① 由热工人员将汽机转速表信号升至 3 270 r/min。

② 检查磁力遮断器动作,自动主汽门落座,汽机超速保护报警。

③ 自动主汽门启动阀复位。

④ 解除汽机超速保护。

6）电超速保护校验方法:

① 联系电气送上“发电机跳闸”信号。

② 检查调速汽门关闭(自动主汽门未动)6 s 后调门自动恢复。

③ 解除“电超速保护”。

7）推力瓦及轴瓦回油温度保护校验方法:

① 由热工人员将推力瓦(或轴瓦)回油温度辅指针与指针相碰后即分开,同样方法校验两次。

② 检查磁力遮断器动作、自动主汽门落座,推力瓦(或轴瓦)温度高报警。

③ 自动主汽门启动阀复位。

④ 由热工人员恢复。

⑤ 解除“推力瓦(或轴瓦)回油温度保护”。

8）推力瓦(及轴瓦)温度保护校验方法:

① 由热工人员将任一块推力瓦(或轴瓦)温度信号升到 100 ℃。

② 检查磁力遮断器动作、自动主汽门落座,推力瓦温度高报警。

③ 自动主汽门启动阀复位。

④ 由热工人员恢复保护。

⑤ 解除“推力瓦(或轴瓦)温度保护”。

9）机电联动保护校验方法(发电机主保护)。

① 检查“发电机主保护动作”信号报警灯灭。

② 由电气发出“发电机主保护动作”信号。

③ 检查磁励断路器动作,自动主汽门落座,发电机主保护动作信号报警。

④ 自动主汽门启动阀复位。

⑤ 解除“发电机保护”。

10）“紧急停机按钮”联动发电机油开关跳闸压板保护。

① 合上发电机油开关跳闸压板保护。

② 检查“发电机跳闸”信号报警熄灭。

③ 按紧急停机及跳发电机按钮。

④ 检查磁励断路器动作，自动主汽门落座，“发电机跳闸”信号报警。

⑤ 自动主汽门启动阀复位，紧急停机按钮复位。

11）抽汽逆止门联动试验。

① 联系热工，送上抽汽逆止门电磁阀电源。

② 启动凝结水泵，检查凝结水压力正常，投用抽汽电磁阀，检查逆止门开足。

③ 在校验机电联动试验的同时，在“自动主汽门落座”后检查电磁手柄向下，逆止门落座，抽汽逆止门关闭信号报警。

④ 退出“逆止门保护”。

⑤ 在 DCS 画面上复位抽汽电磁门，检查电磁阀手柄向上，逆止门开启。

⑥ 退出抽汽电磁阀，检查逆止门关闭。

⑦ 停用凝泵。

（2）联锁保护校验

1）盘车与油压联锁。

① 将盘车手柄推足与限位开关相碰，检查联锁开关在“联锁“位置。

② 确定油泵停用，油压在“0”。

③ 按盘车启动按钮，检查盘车电动机未动，如转动则立即停止。

2）盘车与行程限位开关脱开。

① 盘车手柄与行程限位开关脱开。

② 检查联锁开关在“联锁”位置，润滑油压正常。

③ 按盘车“启动”按钮，检查盘车电动机未转动，（若盘车电机转动则立即停止）。

5.1.3 辅机联锁试验

（1）凝结水泵联锁试验

1）检查凝汽器热井水位正常，否则联系化学起动除盐水泵向凝汽器补水至热井3/4处。

2）启动凝结水泵（#1 泵或#2 泵）

3）投入凝结水泵自启动联锁。

4）就地按运行泵“事故停运”按钮。

5）检查备用泵自启动正常，DCS 画面上自启动凝泵运行灯亮，停用泵故障灯闪动后消失。

6）用同样方法试验另一台凝结水泵。

（2）射水泵联锁试验

1）检查射水箱水位正常。

2）启动射水泵(#1 泵或#2 泵)。

3）投入射水泵自启动联锁。

4）就地按运行泵“事故停运”按钮。

5）检查备用泵自启动正常，DCS 画面上自启动射水泵运行灯亮，停用泵故障灯闪动后消失。

6）用同样方法试验另一台射水泵。

（3）循环水泵联锁试验

1）启动一台循环水泵。

2）投入备用泵联锁。

3）就地按运行泵“事故停运”按钮。

4）检查备用泵自启动正常，DCS 画面上自启动循环水泵运行灯亮，停用泵故障灯闪动后消失。

5）用同样方法试验另一台循环水泵。

（4）高压电动油泵自启动试验

1）如电动油泵停用超过一周，测摇三台油泵绝缘应合格，送电后绿灯应亮。

2）检查油泵油质油位，冷却水应正常，盘动靠背轮正常投入联锁。

3）将高压电动油泵出口门关闭后开启 1/2 圈。

4）手动开启电动油泵，检查运转正常后停止。

5）投入高压油泵联锁；高压油泵应立即自启动。

6）停高压油泵，开全出口门。

5.1.4 启动前现场的检查

启动前，应按照表 5－2 进行现场相关阀门的检查。

表5-2　启动前现场的检查

序号	设　备　名　称	位置
1	主蒸汽系统	
1.10	电动主汽门	关闭
1.11	电动主汽门旁路一次门	关闭
1.12	电动主汽门旁路二次门	关闭
1.13	自动主汽门甲	关闭
1.14	自动主汽门乙	关闭
1.19	防腐排汽一次门	关闭
1.20	防腐排汽二次门	关闭
1.21	电动主汽门前疏水一次门	关闭
1.22	电动主汽门前疏水排大汽门	关闭
1.23	电动主汽门前疏水排大汽一次门	关闭
1.24	电动主汽门前疏水排大汽二次门	关闭
2	抽汽系统	
2.1	一级抽汽逆止门	关闭
2.2	二级抽汽逆止门	关闭
2.3	三级抽汽逆止门	关闭
2.4	四级抽汽逆止门	关闭
2.5	五级抽汽逆止门	关闭
2.6	六级抽汽逆止门	关闭
2.7	二号高加进汽总门	关闭
2.8	一号高加进汽总门	关闭
2.9	除氧器加热蒸气总门	关闭
2.10	三号低加进汽总门	关闭
2.11	二号低加进汽总门	关闭
2.12	一号低加进汽总门	关闭
3	本体疏水系统	
3.1	三通疏水一次门	开足
3.2	三通疏水二次门	开足
3.3	本体疏水一次门	开足
3.4	本体疏水二次门	开足
3.5	一抽逆止门疏水一次门	开足

续表5-2

序号	设 备 名 称	位置
3.6	一抽逆止门疏水二次门	开足
3.7	一抽逆止门疏水一次门	开足
3.8	一抽逆止门疏水二次门	开足
3.9	二抽逆止门底疏水一次门	开足
3.10	二抽逆止门底疏水二次门	开足
3.11	高加进汽门前疏水一次门	开足
3.12	高加进汽门前疏水二次门	微开
3.13	二抽至母管隔离门前疏水一次门	开足
3.14	二抽至母管隔离门前疏水二次门	微开
3.15	一抽逆止门A后疏水一次门	开足
3.16	一抽逆止门A后疏水二次门	微开
3.17	一抽逆止门B后疏水一次门	开足
3.18	一抽逆止门B后疏水二次门	微开
3.19	均压箱疏水门	开足
4	凝结水系统	
4.1	热井放水门	关闭
4.2	1#凝结水泵出口放水门	关闭
4.3	2#凝结水泵出口放水门	关闭
4.4	凝结水启动放水门	关闭
4.5	凝汽器补水门	关闭
4.6	排汽缸减温水门	关闭
4.7	凝结水再循环门	调节
4.8	#1凝结水泵进口门	开足
4.9	#1凝结水泵出口门	开足
4.10	#2凝结水泵进口门	开足
4.11	#2凝结水泵出口门	开足
4.12	#1凝结水泵水封门	开足
4.13	#2凝结水泵水封门	开足
4.14	#1凝结水泵空气门	开足
4.15	#2凝结水泵空气门	开足
4.16	轴加进水门	开足

续表 5-2

序号	设 备 名 称	位置
4.17	轴加出水门	开足
4.18	轴加旁路水门	关闭
4.19	#1 低加进水门	开足
4.20	#1 低加出水门	开足
4.21	#1 低加旁路水门	关闭
4.22	#2 低加进水门	开足
4.23	#2 低加出水门	开足
4.24	#2 低加旁路水门	关闭
4.25	#3 低加进水门	开足
4.26	#3 低加出水门	开足
4.27	#3 低加旁路水门	关闭
5	循环水系统	
5.1	冷油器滤网前进水门	开足
5.2	冷油器滤网后进水门	开足
5.3	冷油器进水旁路门	关闭
5.4	冷油器 A 侧进水门(运行组)	开足
5.5	冷油器 B 侧进水门(备用组)	开足
5.6	冷油器 A 侧出水门	调节
5.7	冷油器 B 侧出水门	关闭
5.8	空冷器滤网前进水门	开足
5.9	空冷器滤网后进水门	关闭
5.10	空冷器进水旁路门	关闭
5.11	空冷器第一组进水门	开足
5.12	空冷器第二组进水门	开足
5.13	空冷器第三组进水门	开足
5.14	空冷器第四组进水门	开足
5.15	空冷器第一组出水门	开足
5.16	空冷器第二组出水门	开足
5.17	空冷器第三组出水门	开足
5.18	空冷器第四组出水门	开足
5.19	凝汽器 A 侧进水门	关闭

续表 5-2

序号	设 备 名 称	位置
5.20	凝汽器 A 侧出水门	关闭
5.21	凝汽器 B 侧进水门	关闭
5.22	凝汽器 B 侧出水门	关闭
5.23	凝汽器 A 侧进水门后放水门	关闭
5.24	凝汽器 B 侧进水门后放水门	关闭
5.25	凝汽器 A 侧放空气门	关闭
5.26	凝汽器 B 侧放空气门	关闭
6	空气系统	
6.1	射水箱补水门	调节
6.2	射水箱放水门	关闭
6.3	凝汽器空气总门	开足
6.4	凝汽器 A 侧空气门	开足
6.5	凝汽器 B 侧空气门	开足
6.6	#1 射泵出水门	开足
6.7	#2 射泵出水门	开足
6.8	轴加空气门	关闭
6.9	轴加至抽气风机门	关闭
6.10	轴加疏水至热井	开启
6.11	高加空气至凝汽器门	开启
6.12	高加空气至低加门	开启
6.13	低加空气门	调节
7	给水系统	
7.1	高加进水门	开启
7.2	高加出水门	开启
7.3	高加给水旁路门	关闭
7.4	高加进水门前放水一次门	关闭
7.5	高加进水门前放水二次门	关闭
7.6	高加出水门后放水一次门	关闭
7.7	高加出水门后放水二次门	关闭
8	加热器疏水系统	
8.1	高加疏水器进水门	打开

续表 5-2

序号	设 备 名 称	位置
8.2	高加疏水器汽平衡门	打开
8.3	高加疏水旁路门	关闭
8.4	高加疏水放地沟门	开足
8.5	高加危急疏水门	关闭
8.6	高加疏水至除氧器门	关闭
8.7	高加疏水至低加	关闭
8.8	低加疏水器进水门	开足
8.9	低加疏水器出水门	开足
8.10	低加疏水器旁路门	关闭
8.11	低加疏水放地沟门	关闭
9	油系统	
9.1	高压电动油泵进油门	开足
9.2	高压电动油泵出油门	关闭
9.3	低压电动油泵进油门	开足
9.4	低压电动油泵出油门	开足
9.5	直流油泵进油门	开足
9.6	直流油泵出油门	开足
9.7	冷油器 A 侧(运行组)进油门	开足
9.8	冷油器 A 侧(运行组)出油门	开足
9.9	冷油器 B 侧(备用组)进油门	开足
9.10	冷油器 B 侧(备用组)出油门	关闭
9.11	油箱油位	正常
9.12	油箱事故放油门一次门	关闭
9.13	油箱事故放油门二次门	关闭
9.14	油箱放水一次门	关闭
9.15	油箱放水二次门	关闭
9.16	油箱补油门	关闭
10	调节系统	
10.1	磁力断路油门	复位
10.2	危急遮断油门	脱扣
10.3	危急遮断指示器在	遮断

续表 5-2

序号	设 备 名 称	位置
10.4	注油试验阀	正常
10.5	超速限制电磁阀	复位
10.6	启动阀开度	0 位
10.7	调速汽门	关闭
10.8	自动主汽门	关闭
11	仪表盘	
11.1	各辅机操作按钮	切断
11.2	各辅机联锁	解除
11.3	各辅机电源	送上
11.4	各仪表电源	送上
11.5	各仪表指针	0 位
11.6	各报警信号	正常
11.7	各压力表、水位计一次门	开足

5.2 汽轮机的启动与停用

5.2.1 额定参数冷态启动

(1) 启动前的准备工作

1) 仔细检查汽轮机、发电机及各附属设备,确认安装(或检修)工作已全部结束。

2) 与主控室、锅炉专业、电气专业联系通畅。

3) 检查油系统:

① 油管路及油系统内所有设备均处于完好状态,油系统无漏油现象。

② 油箱内油位正常,优质良好,液位计的浮筒动作灵活。

③ 油箱及冷油器的放油门关闭严密。

④ 冷油器的进出油门开启,并有防止误操作的措施,备用冷油器进出油门关闭。

⑤ 电动油泵进出口阀门开启。

⑥ 清洗管路时在各轴承前所加的临时滤网或堵板全部拆除。

4) 对汽水系统进行检查:

① 主蒸汽管路上的电动隔离阀已预先进行手动和电动开关检查。

② 主蒸汽管路及抽气管路上的隔离阀、主汽门、逆止阀、安全阀关闭,直接疏水门、

防腐门开启;汽缸上的直接疏水门开启。

③ 汽封管路通向轴封冷却器的蒸汽门开启,轴封冷却器疏水门开启。

④ 各蒸汽管路能自由膨胀。

⑤ 冷油器冷却水总门开启,冷油器进水门关闭,出水门开启。

5）检查调节、保安系统:

① 各部件装配合格、活动自如。

② 调节汽阀预拉值符合要求。

③ 电调节器自检合格。

④ 各保安装置处于断开位置。

6）检查滑销系统,在冷态下测量各部位的间隙,记录检查结果。前轴承座与底板间滑动面注润滑油。

7）检查所有仪表、传感器、变送器、保安信号装置。

8）通往各仪表的信号管上的阀门开启。

9）各项检查准备工作完成后,通知锅炉专业供汽暖管。

（2）暖管(到隔离阀前)

暖管的时间长短和程序取决于管道的起始温度水平、蒸汽初参数、管壁和法兰厚度、加热管段长度等。暖管分低压暖管和升压暖管。

1）全开排大气疏水门,逐渐将压力升至 0.2 ~ 0.3 MPa,金属温升速度不超过 5 ℃/min,暖管 20 ~ 30 min,当隔离阀前汽温达到 130 ~ 150 ℃时,低压暖管结束。

2）升压暖管按表 5 - 3 要求, 在升压过程中,应根据疏水量不断调整疏水门的开度,减少工质损失。

表 5 - 3 暖管过程升压速度和温升速度与压力的关系

压力/MPa	升压速度/(MPa/min)	温升速度/(℃/min)
$0.3 \leq p < 0.6$	0.05	5
$0.6 \leq p < 1.5$	0.1	5
$1.5 \leq p < 4.0$	0.2	5
$4.0 \leq p \leq 9.0$	0.5	5

3）暖管时注意管道振动和冲击,随着汽压、汽温的上升应适当关小电动主汽门前疏水门,并检查管道膨胀和支吊架情况。

（3）启动辅助油泵,在静止状态下对调节保安系统进行检查:

1）启动低压电动油泵，检查：

① 润滑油压及轴承油流量。

② 油路严密性。

③ 油箱油位。新安装及大修后第一次启动时，应预先准备好必需的油量，以备油管充油后向油箱补充油。

2）启动顶轴油泵，试验盘车装置：

① 将各轴承前顶轴油支管上的节流阀关闭，顶轴油总管上的溢流阀全开。

② 启动顶轴油泵及润滑油泵。逐渐减少溢流阀的泄油量，使顶轴油总管的油压力升至规定值。

③ 分别调整各轴承前的顶轴节流阀，使轴颈顶起 0.05 ~ 0.07 mm。第一次启动，调整完毕应记录各轴颈顶起高度及顶轴油压。

④ 启动盘车装置：检查电机旋向；投入盘车装置。

3）启动高压电动油泵，进行保安装置动作试验：

① 启动盘车装置。

② 将各保安装置挂闸。

③ 分别开启主汽门和调节汽阀到 1/3 行程，使各保安装置动作，检查主汽门、调节汽阀、抽汽阀是否迅速关闭。

④ 检查合格后，将各保安装置重新挂闸，启动阀手轮关到底。

⑤ 检查主汽门是否关严。

⑥ 电调“复位”。

（4）暖管（到自动主气门前）

从隔离阀到自动主汽门的主蒸汽管，暖管与暖机同时进行。

（5）启动凝气系统抽真空

1）启动循环水泵：

① 全开凝汽器循环水出口阀门，开进口阀门。

② 启动循环水泵，全开出口阀门。

2）开启凝结水再循环管道上的阀门，关闭到给水回热管路去的凝结水门。

3）轮流开两台凝结水泵，联动装置试验后，使一台投入运行。

① 向凝汽器汽侧充水到热井水位计 3/4 刻度处；

② 开启凝结水泵进口阀门；

③ 开启水泵外壳到凝汽器汽侧空气管道上的阀门；

④ 检查水泵是否充满水，开启水泵盘根进水旋塞，启动凝结水泵，缓慢开启水泵出口阀门。

4）投入抽气器抽真空。

5）该操作在冲转前 5 min 进行，冷态启动离冲转时间不得大于 10 min。不允许过早向轴封供汽。

6）启动时真空应达到 0.055 ~ 0.06 MPa(400 ~ 450 mmHg)。

（6）启动

1）启动高压电动油泵，冷油器出口油温不得低于 25 ℃。

2）启动顶轴油泵，投入盘车装置。

3）投入轴封冷却器，向轴封供汽。当均压箱进气温度大于 300 ℃时，应喷减温水减温，调整风门使汽侧压力为 0.097 ~ 0.099 MPa。

4）均压箱适当暖体后，关小底部疏水门，调节减温水门，使均压箱温度 <300 ℃。

（7）全面检查冲转条件

1）汽机各轴承油流、油压正常，油温不低于 30 ℃。

2）凝汽器真空在 0.055 ~ 0.06 MPa 以上，循环水出水压力水温正常。

3）汽温不低于 400 ℃，汽压不低于 3.8 MPa。

4）调速汽门全关。

5）各辅机运行正常。

（8）投入下列保护

1）低油压保护。

2）轴承温度保护。

3）推力瓦温度保护。

4）汽机超速保护。

5）轴承回油温度保护。

6）推力瓦回油温度保护。

7）DEH 停机保护。

（9）准备冲转。

5.2.2 启动至并列

（新机组第一次启动时应采用现场手动启动，到最小控制转速时，用控制器控制机组至定速。)

(1) 复置手动脱扣器,检查安全油压、事故油压正常。

(2) 开启电动主汽门旁路门,启动暖机时,用旁通阀节流降压,使主汽门前压力为3.8 MPa。

(3) 确认电调自检合格后,旋转启动阀手轮至全开位置,打开主汽门,此时调门关闭,转子不得有升速现象。

(4) 电调复位,选择“手动”或“自动”方式启动机组。转子转动后,检查通流部分、轴封、主油泵等处有否不正常响声;

(5) 检查盘车自动脱开,停盘车电机,在低速暖机过程中振动值应不超过0.05 mm,超过则停机检查。汽轮机冲转后,转速超过 200 r/min,可停下顶轴油泵。

(6) 全面检查:

1) 测听转动部分声音,振动正常。

2) 轴承油压、油温,回油油流均正常。

3) 凝汽器真空、水位,排汽温度正常。

4) 汽缸膨胀,轴向位移、胀差正常。

5) 油泵运行状况及切换。

6) 汽缸上下壁温差、法兰内外壁温差、法兰与螺栓温差。

(7) 冲动转子及升速:

1) 手动启动(旁通阀启动):

① 手动挂闸;

② 手动启动阀全开自动主汽门;

③ 设定 DEH 切换转速,全开调节汽阀;

④ 全开电动主汽门旁路一次门,微开旁路二次门,冲转、升速直到阀切换转速;

⑤ 继续开大旁路二次门,逐渐将转速切换到 DEH 控制,当调门关小到空转位置时,切换过程结束;

⑥ 开启电动主汽门,关闭旁路一、二次门;

⑦ 由 DEH 完成定速、并网、带负荷等操作。

2) 半自动启动(启动阀启动):

① 开启电动主汽门,关闭旁路一、二次门;

② 手动挂闸;

③ 设定 DEH 切换转速，全开调节汽阀；

④ 手动或遥控启动阀，逐渐打开自动主汽门进行冲转、升速直至阀切换转速；

⑤ 继续操作启动阀，开大自动主汽门，逐渐将转速切换到 DEh 控制，然后全开自动主汽门；

⑥ 由 DEH 完成定速、并网、带负荷等操作。

3）自动启动（调节汽阀启动）：

① 开启电动主汽门，关闭旁路一、二次门；

② DEH 转速给定为 0，调节汽阀全关；

③ 手动挂闸；

④ 手动或遥控启动阀，全开自动主汽门；

⑤ DEH 根据机组的状态，按预定的升速曲线逐渐打开调门进行冲转升速，直到达到额定转速，过临界转速时，升速率自动加大到最大；

⑥ 由 DEH 继续完成定速、并网、带负荷等操作。

注：机组的起动时间比常规起动时间要长。

（8）暖机升速过程中的注意事项：

1）升速时真空维持在 -80 kPa 以上，当转速升至 3 000 r/min 时，真空应达到正常值。

2）轴承进油温度不应低于 30 ℃，当冷油器出油温度高于 45 ℃，调节冷油器进水门控制油温在 35 ~ 45 ℃。

3）升速过程中机组振动不得超过 0.03 mm，一旦超过应降低转速来消除，维持运转 30 min 再升速，如仍未消除，再降低运转 120 min，再升速，若振动仍未消除，则必须停机检查。过临界转速时应迅速平稳通过。

4）凝汽器水位升高，调节启动放水电动门，维持凝汽器水位正常，联系化学测定凝结水水质，合格后送除氧器。

5）调节主蒸汽管路、抽汽管路、汽缸本体的疏水阀门，无疏水排出后，关闭疏水阀门。

6）热膨胀不正常时应停止升速，进行检查。

7）排汽室温度超过 120 ℃时，应投入喷水减温。

8）严格控制金属温升速度及汽缸的金属温差：

① 汽缸壁温升速度 <4 ℃/min；

② 汽缸上下温差<50 ℃；

③ 法兰内外壁温差<100 ℃。

9）暖机结束，机组膨胀正常，可逐渐开大电动主汽门，关闭旁路门。

（9）达到额定转速后，检查：

1）主油泵进出口油压；

2）脉冲油压；

3）轴承油温、瓦温及润滑油压。

（10）各保安装置分别动作，检查主气门、调节汽阀、抽汽阀是否迅速关闭。

（11）升速到3 000 r/min时注意事项：

1）手动或半自动冲转时，汽轮机转速升至2 780 r/min，调速系统应投入工作，关小调节汽阀，油动机不应有跳动现象，主汽门后压力逐渐建立。

2）调速系统应能维持空转运行。

3）记录全速时间及主要参数。

4）全面检查，注意排汽缸温度，空负荷时不高于100～120 ℃，否则投喷淋装置。

（12）手动脱扣试跳主汽门应正常。

（13）试验结束后，准备停用高压油泵，逐渐关闭其出口门，注意油压正常，停止高压油泵，开足其出油门做备用。

（14）起动油箱排烟风机。

（15）投入低真空保护。

（16）全速后的调速系统试验。汽轮机第一次启动、大修后停机一个月后应进行超速动作试验，超速动作试验安排在带20%额定负荷运行一个小时后进行。将负荷降到零，然后：

1）进行电超速试验。将转速提升至3 270 r/min，电调超速器应动作。

2）进行机械超速试验。将转速提升至3 300～3 360 r/min，危急遮断器应动作，否则手动停机。

3）危急遮断器动作后，待转速降至3 060～3 030 r/min时复位。

5.2.3 并列与带负荷

（1）并列的操作及注意事项：

1）全面检查机组，一切正常，可并列。

2）接到电气发来“已并列”通知后，记录并列时间，带1.5 MW电负荷停留30 min，全面检查。

3）投入发电机保护，电超速保护，以 250 kW/min 的速率升速至额定。

4）投入空冷器，并根据风温调节空冷器出水总门的开度（进水门全开）。

5）关闭自动主汽门前所有疏水。

6）关闭疏水膨胀箱上的下列疏水门三通疏水、汽缸疏水。

7）机组开始带负荷后，即可投入低压加热器。高压加热器的投入，应根据加热器疏水方式，与低压加热器一起投入或在负荷增加到一定数值后投入。

（2）凝结水水质经化验合格后送除氧器，根据负荷情况及时调整除氧器的水位压力。

（3）增负荷暖机过程中注意事项：

1）调速系统动作稳定正常无串动、卡涩、漏汽、漏油现象。

2）机组各转动部分声音正常，振动情况，汽缸膨胀及轴向位移正常。

3）凝汽器水位，冷油器出油温度正常，发电机进风温度维持 20～40 ℃范围内。

4）均压箱压力维持正常。

（4）根据负荷情况在投抽汽前投用抽汽逆止阀，逆止门行程指示正确。

（5）投用高压加热器

在高加投入之前必须先检查紧急疏水门 DCS 上开关正常。水位显示准确后方可投用高加。

1）高加水侧投入方法：

① 检查工作结束；

② 高加进汽门、抽汽逆止门全关，门前疏水全开；

③ 水位计上下考克全开，水位计内无水；

④ 汽侧空气门关闭；

⑤ 高加疏水器后隔离门关闭，其他疏水门打开；

⑥ 高加事故放水门及保护动作良好；

⑦ 注意给水母管压力的变化；

⑧ 开启高加直放疏水门；

⑨ 缓慢开启高加进水门，检查汽侧无水；

⑩ 开启高加出水门；

⑪ 高加水侧投入后，分别关闭其旁路，密切注意锅炉水压无变化，否则立即恢复。

2）高加汽侧投入操作：

① 逐渐关小直放疏水门直至关闭，稍开高加至除氧器空气门注意并调节除氧器的水位、压力。

② 微开高加进汽门暖体 5 min。

③ 以温升 3 ℃/min 的速度。

④ 如果高加内部汽压过高，可关小高加进汽门。

⑤ 高加疏水送除氧器或打入下级，开启高加进汽门，直至开足，以便对加热器的筒体进行加热。

⑥ 当高加筒体内汽压大于 0.2 MPa，水位逐渐升高时，开启疏水器进出水门，保持水位在 1/2 处，必要时调整疏水旁路门。

低加随机启动，在带负荷时，注意低加疏水水位正常。在高加进出水门全开后，关高加旁路水门时应通知锅炉注意水位。在投汽侧时密切注意水位。

(6) 操作完毕，做好记录。

5.2.4 热态启动的规定及注意事项

(1) 热态启动的划分，可以调节级后汽缸内壁金属温度 150 ℃为界限，高于 150 ℃为热态，低于 150 ℃为冷态。热态启动又根据停机时间长短或汽缸内壁金属温度高低分为热态启动和半热态启动，其启动曲线如图 5-1、图 5-2 所示。停机 24 h 以内或汽缸内壁金属温度在 300 ℃以上，机组重新起动定为热态启动；停机 48 h 以内或汽缸内壁金属温度在 150 ℃以上，机组重新起动定为半热态启动。

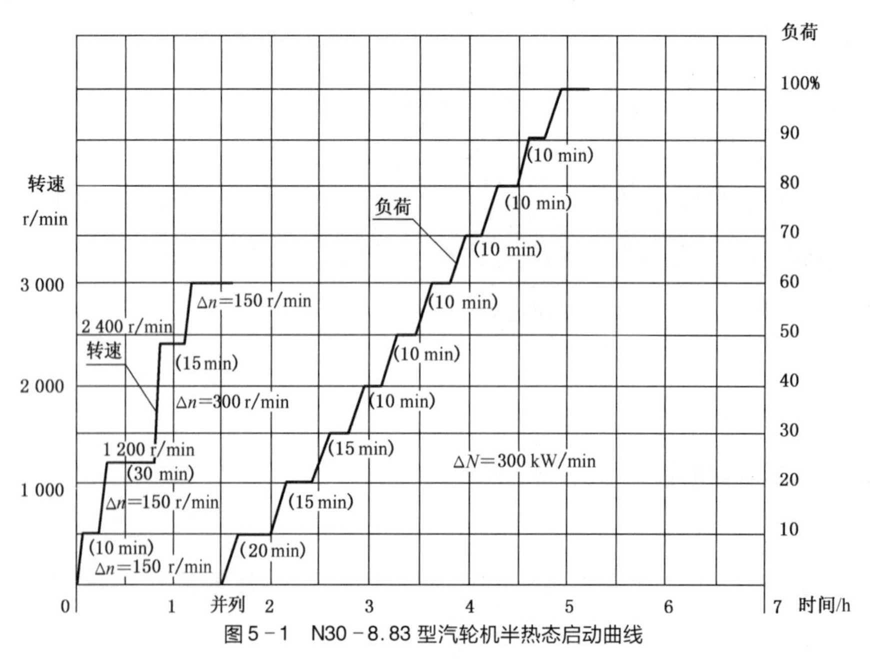

图 5-1 N30-8.83 型汽轮机半热态启动曲线

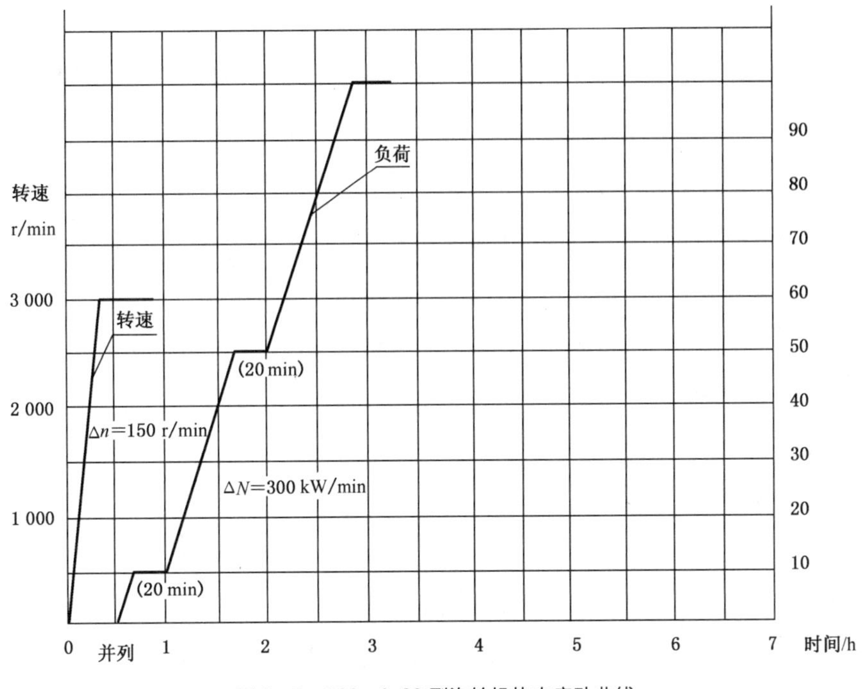

图 5-2 N30-8.83 型汽轮机热态启动曲线

（2）热态启动应遵守以下各点：

1）进入汽轮机的蒸汽温度应高于汽缸壁温度。并有 50 ℃过热度。

2）冲转前 2 h 转子应处于连续盘车状态。

3）在连续盘车情况下，应先向轴封送汽，然后再拉真空。

4）冷油器出油温度在 40 ℃以上。

5）热态启动时间按照热态起动曲线执行。

6）转子弯曲度不超过 0.06 mm。

7）在中速以下，汽轮机振动超过 0.03 mm 时应立即停机，重投盘车。

8）严密监视胀差变化。

（3）热态启动的注意事项：

1）在投入盘车及低速暖机时，应特别注意测听汽缸内部有无异声，如有碰撞则不得开车，同时严格监视机组的振动、膨胀、轴向位移情况。

2）在暖机和升速过程中如振动比以往增加，则降速或延长暖机时间 30 min 左右。

3）接带负荷的速度要根据具体情况，尽快地将负荷带到与汽缸内部金属固有温度相应的负荷，避免出现冷却汽轮机的现象。

4）其他操作顺序及方法同冷态。

5.2.5 滑参数启动

滑参数启动前的准备工作于额定参数启动时是相同的，不同在于启动过程中，汽轮机前的蒸汽参数随锅炉启动工况而变化，汽轮机组与锅炉同时启动。

（1）炉点火前的准备

1）自动主闸阀开启，主气门、调节汽阀关闭，汽机本体上的疏水门开启。

2）往低压热网的减温减压旁路进气门、减温水进水门关闭，进气门和进水门在启动过程中根据压力温度需要投入。

3）循环水系统、凝结水系统。

4）油系统、盘车装置。

5）启动射水抽气器抽真空。

（2）点火、升压

1）真空达到 -0.026 7 MPa(-200 mmHg)，锅炉点火。

2）汽压力升至与低压热网压力平衡后，开启减温减压旁路进气门。

3）蒸汽压力达到 1.5 MPa，温度 250 ~ 300 ℃时，向轴封送汽，维持凝汽器真空为 0.06 ~ 0.067 MPa(450 ~ 500 mmHg)。

4）启动机组，按升速曲线暖机。

5）投入排汽喷水装置。

6）升至额定转速后全面检查，进行保安系统试验。

7）一切正常后，并入电网，此时主蒸汽压力达到 2.0 ~ 2.5 MPa，温度 300 ~ 350 ℃。

5.2.6 停机操作

（1）停机前准备

1）降负荷通知各有关部门做好准备。

2）试验各辅助油泵。

3）试验盘车装置电机和顶轴油泵。

4）检查主汽门、调节汽阀阀杆有否卡涩现象。

5）切除热负荷

① 逐渐关闭抽汽管路上的电动隔离阀；

② 隔离阀关严后，关闭抽汽阀。

6）在汽轮机减负荷的过程中应及时调整凝汽器水位，调整轴封汽压。

7）对于短期停用后需再次起动的停机，采用快速减负荷，25 min 内将负荷减完；对于较长时间的停机，采用缓慢减负荷到 10%～15% 再甩负荷，减负荷速度为250 kW/min。

8）减负荷应注意：

① 汽缸金属温度降速度不超过 1.5 ℃/min。

② 根据凝汽器热井水位调整主凝结水再循环开度。

③ 根据负荷的降低及抽汽压力的变化，由高压侧开始顺序解列加热器，停用疏水泵。

④ 密切监视机组的膨胀、胀差、振动等情况。

⑤ 调整轴封供汽。

⑥ 若发现调节汽阀卡住且不能在运行消除时，应逐渐关闭主汽门或电动主汽门，减负荷停机。

9）负荷减到零，得到“解列”信号后，打闸关闭主汽门，检查主汽门是否关闭严密。

10）停机降速过程中，注意电动油泵是否自动投入，否则应手动起动油泵，维持润滑油压不低于 0.055 MPa（表压）。

11）停止抽汽器运行，使真空逐渐降低，随后停下凝结水泵。

12）真空降到零，转子停止转动即切断供汽。

13）转子静止后投入盘车装置。投盘车前应先起动顶轴油泵，确信转子顶起后再投入盘车装置。连续盘车到汽缸金属温度低于 200 ℃后改为定时盘车，直至汽轮机完全冷却（汽缸金属温度低于 150 ℃）。

14）盘车期间切换为润滑油泵运行，直至机组完全冷却。

15）转子静止 1 h 后，排汽室温度又不超过 50 ℃时，停下循环水泵。以后盘车时，改用备用水源向冷油器供水。

16）冷油器进油温度低于35 ℃时，停下冷油器。关闭汽水管道上的所有阀门，打开直接疏水门。关闭通向汽缸本体的疏水门，严防漏汽进汽缸内。

17）停用高加汽侧，其操作方法如下：

① 关闭高加进汽门。

② 关闭高加疏水至除氧器疏水门，关高加空气门。

③ 开启高加直放疏水门。

④ 检查高加筒体压力至零。

⑤ 开启抽汽逆止门前，后疏水门。

18）停用三级抽汽，关三级抽汽至除氧器的进汽门。稍开门后疏水门。

19）调节凝结水再循环水门，关小低加出水门，维持凝汽器水位。

（2）停机的操作步骤及注意事项：

1）负荷减至零时，解除“电超速保护”“发电机主保护”后可解列，接到电气“已解列”通知，立即复置，检查发电机有功表指示到“0”，并注意调速系统能否维持额定转速（如不能维持，转速上升快时，立即按停机按钮停机）。

2）启动高压电动油泵。

3）解除“低油压保护”以外的所有保护。

4）手拍危急遮断装置，检查自动主汽门，调速汽门已关闭，记录时间。

5）检查转速下降，自动主汽门启动阀复位，调整均压箱压力。

6）解除射水泵联锁，停用射水泵。

7）关闭凝结水至母管隔离门，调整凝汽器水位。

8）当转速降到2 000 r/min时，适当开启真空破坏门，迅速通过临界转速（要求转速到零，真空到零）。

9）关闭电动主汽门，开启其门前后疏水门。

10）开足疏水膨胀箱上各有关疏水门。

11）转速到零，真空到零，停用轴封供汽，即：

① 停用均压箱汽源；

② 调节均压箱底部疏水门。

（3）转子静止后的工作。

1）密切注意转子，并记录其静止的时间，记录并比较惰走时间。

2）启动顶轴油泵，投盘车前应先起动顶轴油泵，确信转子顶起后再投入盘车装置。

3）投盘车，进行连续盘车，并切换高压油泵为低压油泵。将盘车手轮向逆时针方向盘动，直至手柄与限位开关相碰；按盘车“起动”按钮，检查盘车马达和大轴转动。

4）停凝结水泵（停用前先解除联锁）。

5）排汽缸温度降至50 ℃以下，下汽缸温度降到250 ℃以下时关闭凝汽器循环水进、出水门，根据用水情况决定调停循环水泵。

6）关闭空冷器出水总门。

7）连续盘车时，应保持油温在30 ℃左右。

8）关射水箱的补水门。

（4）停机后的维护

1）转子静止后，连续盘车到汽缸温度降到200 ℃后改为定时盘车，直至汽轮机完全冷却（汽缸金属温度低于150 ℃）连续盘车结束后，每隔30 min盘动转子180°计4 h，再每隔60 min盘动转子180°计4 h，共计32 h。

2）连续盘车结束后，可停用排烟风机。

3）复速级处下缸温度低于150 ℃时可停用电动油泵。

4）较长时间停用时，要采用防腐防冻措施。

第 6 章　实验室仿真实训运行操作

6.1　全冷态

- 所有电气设备处于停运且为送电状态；
- 所有阀门处于关闭状态；
- 所有温度值趋于环境温度；
- 所有压力值趋于环境压力；
- 所有振动值、电流值、电压值、开度值、流量值等趋于零；
- 保护装置未送电，处于退出位置，保护压板未投入。

6.2　电气送电完成

- 做反送电操作；
- 将电气各段投入备用状态，各段电压正常；
- 各段所属设备处于备用状态，若设备有远方/就地操作，请投入“远方”位；
- 送电后电气各段状态如图 6－1～图 6－17 所示。

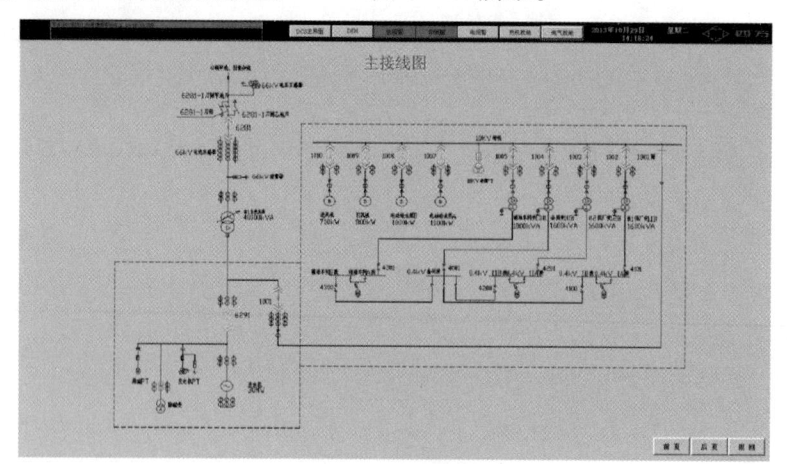

图 6－1　主接线图

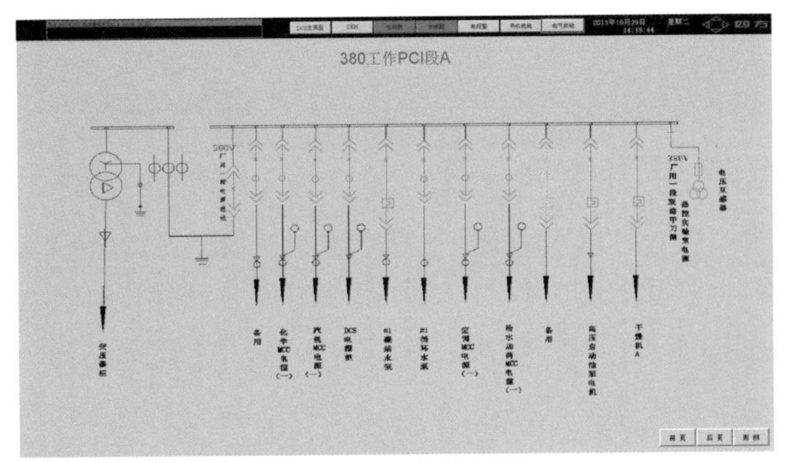

图6－2　380 工作 PC Ⅰ段 A

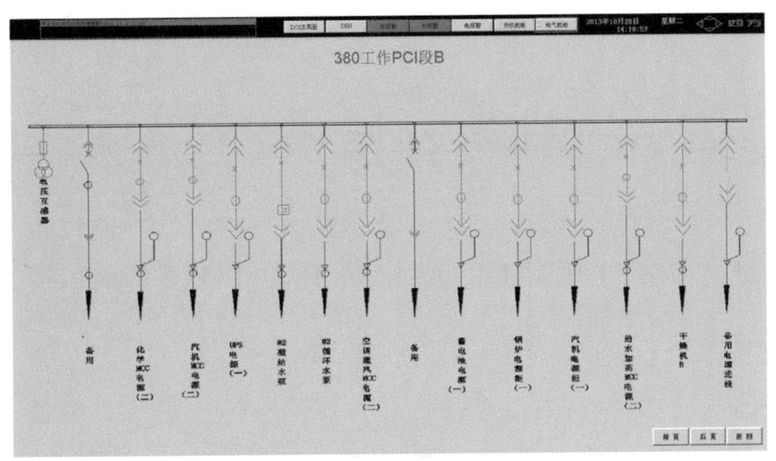

图6－3　380 工作 PC Ⅰ段 B

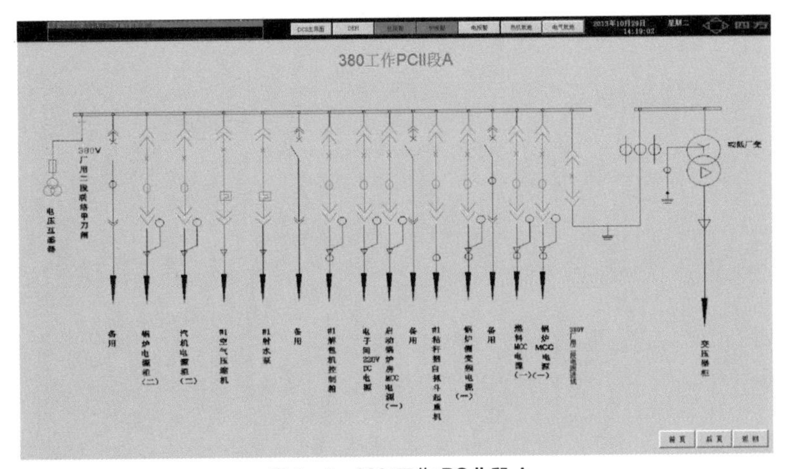

图6－4　380 工作 PC Ⅱ段 A

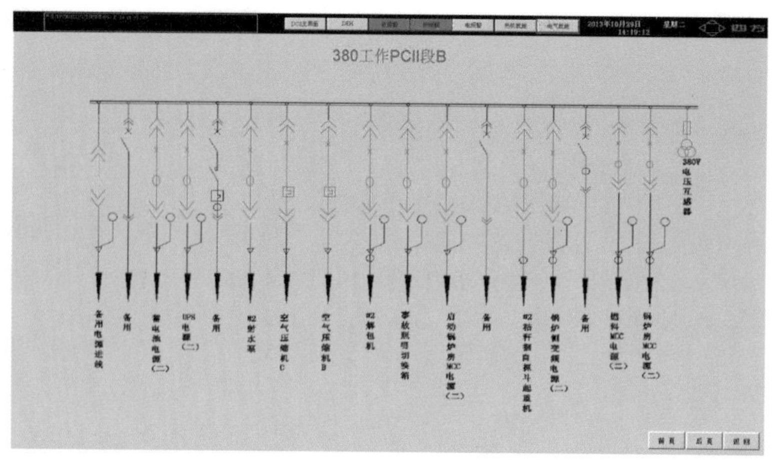

图 6-5　380 工作 PC Ⅱ 段 B

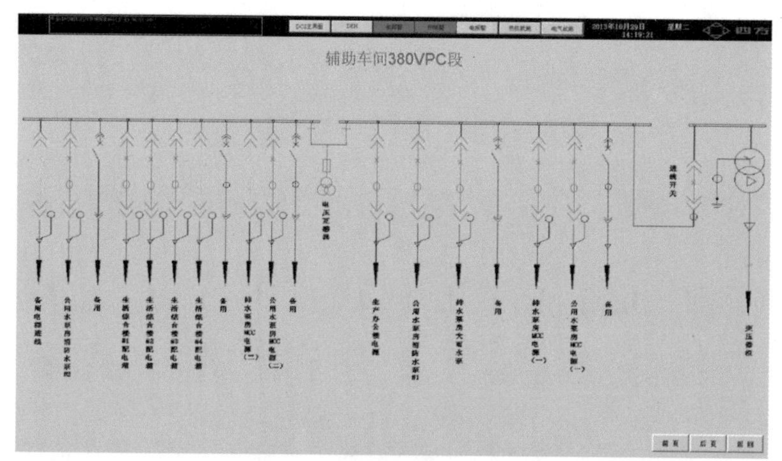

图 6-6　辅助车间 380VPC 段

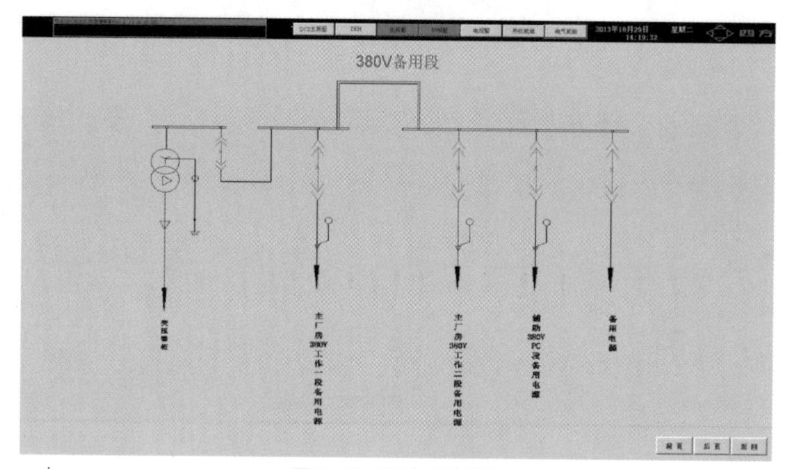

图 6-7　380V 备用段

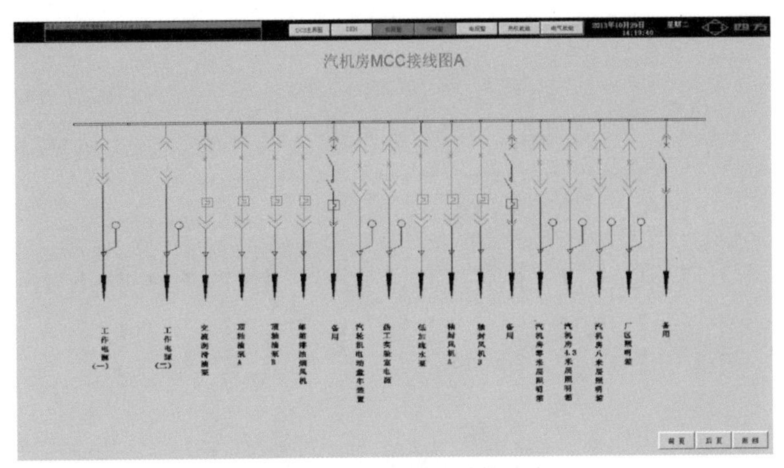

图 6－8　汽机房 MCC 接线图 A

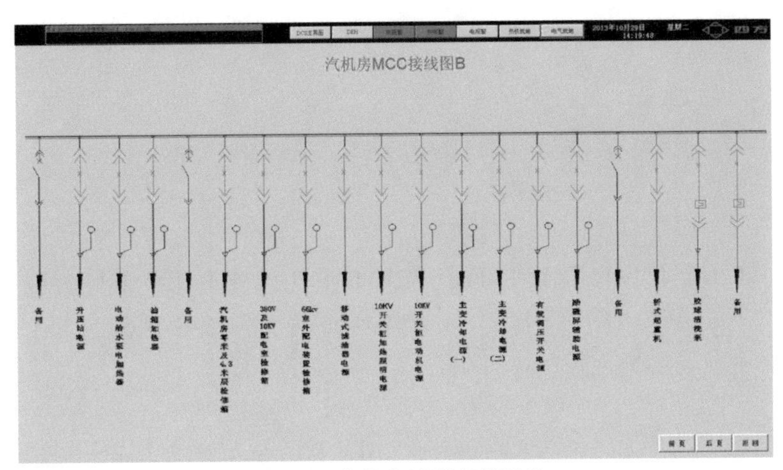

图 6－9　汽机房 MCC 接线图 B

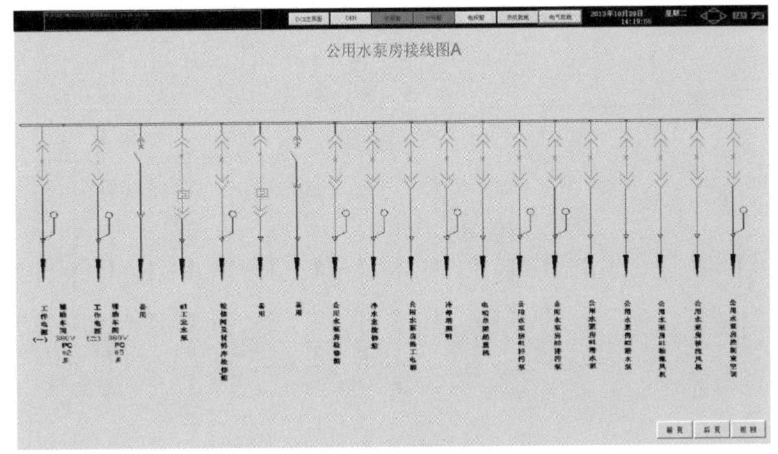

图 6－10　公用水泵房接线图 A

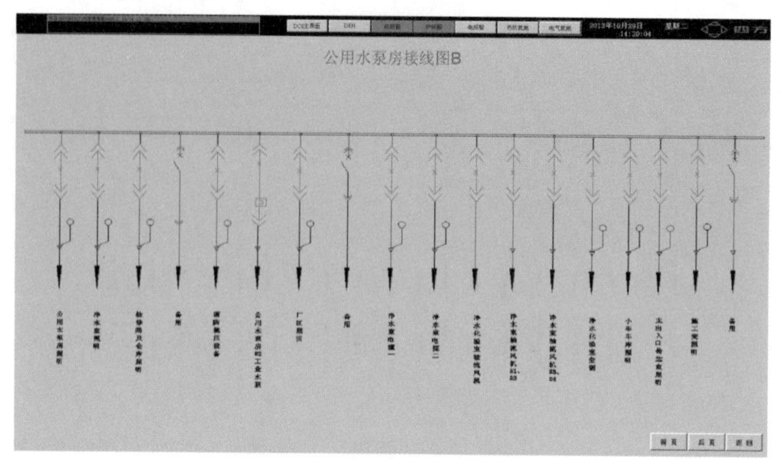

图 6－11　公用水泵房接线图 B

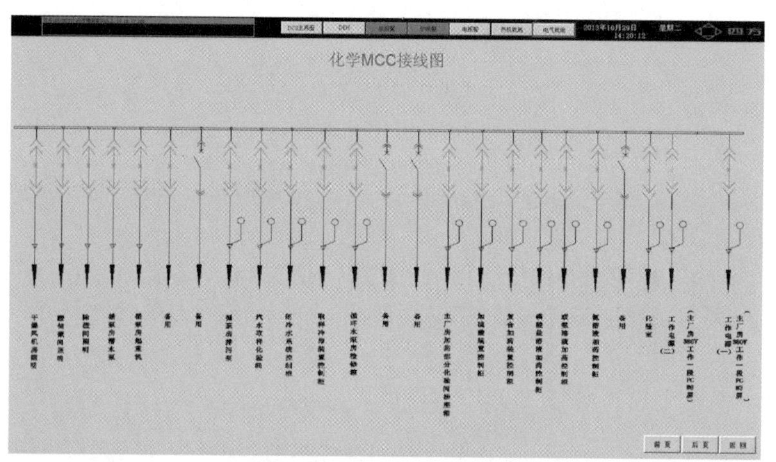

图 6－12　化学 MCC 接线图

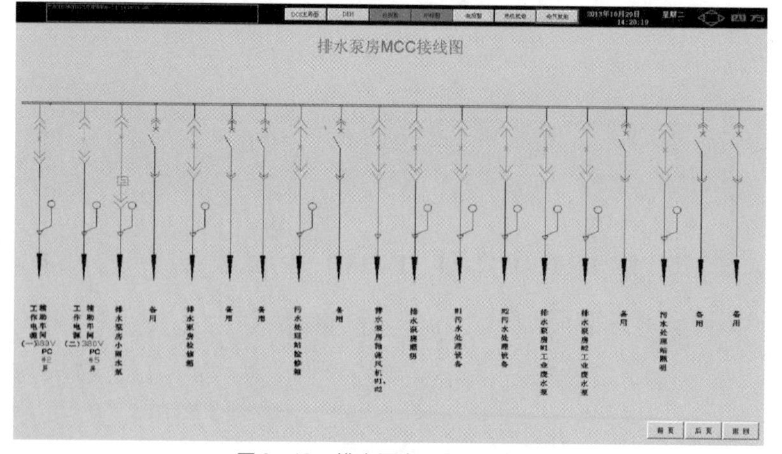

图 6－13　排水泵房 MCC 接线图

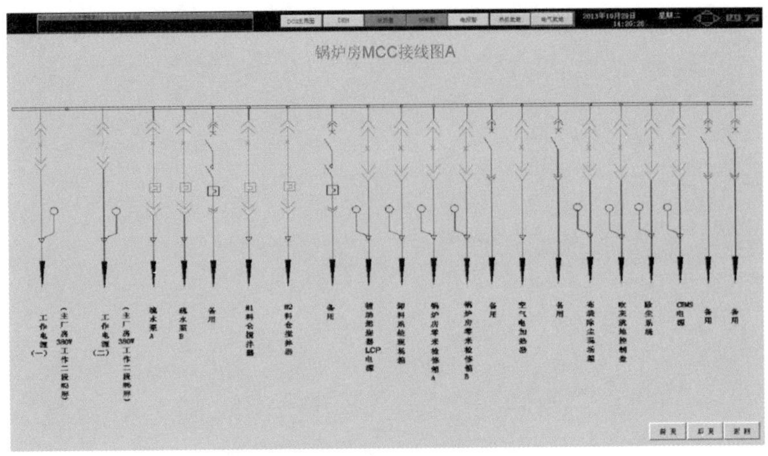

图 6－14　锅炉房 MCC 接线图 A

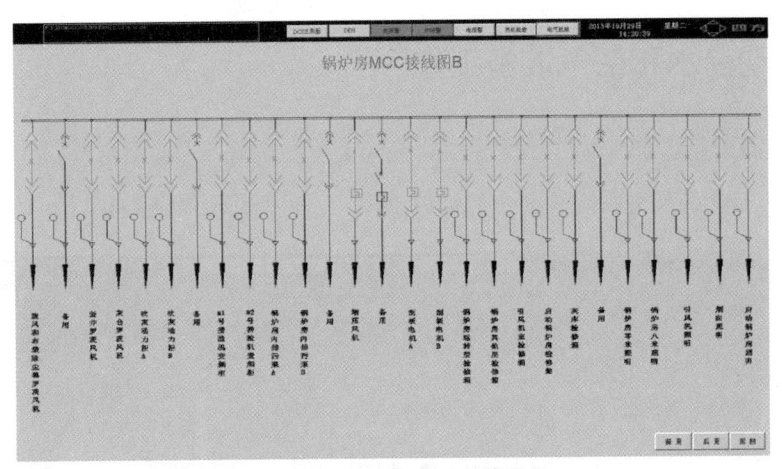

图 6－15　锅炉房 MCC 接线图 B

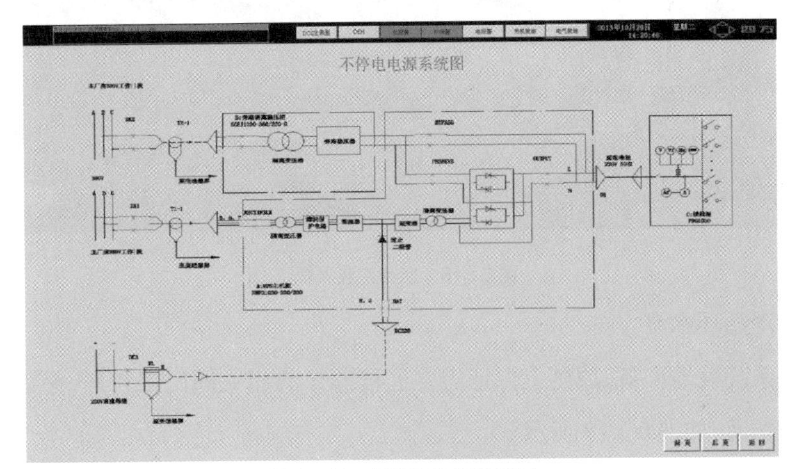

图 6－16　不停电电源系统图

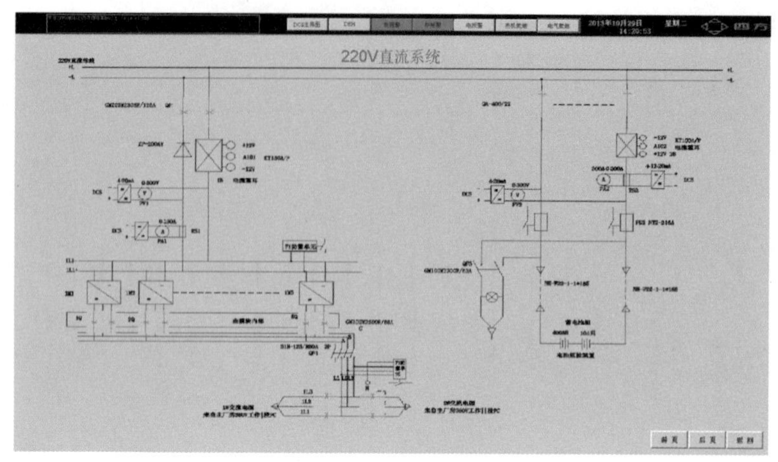

图6－17　220V直流系统

6.3　启动前水和空气准备工作

（1）启动工业水泵

在DCS工业水泵房系统画面中启动#1或#2工业水泵，启动后如图6－18所示。

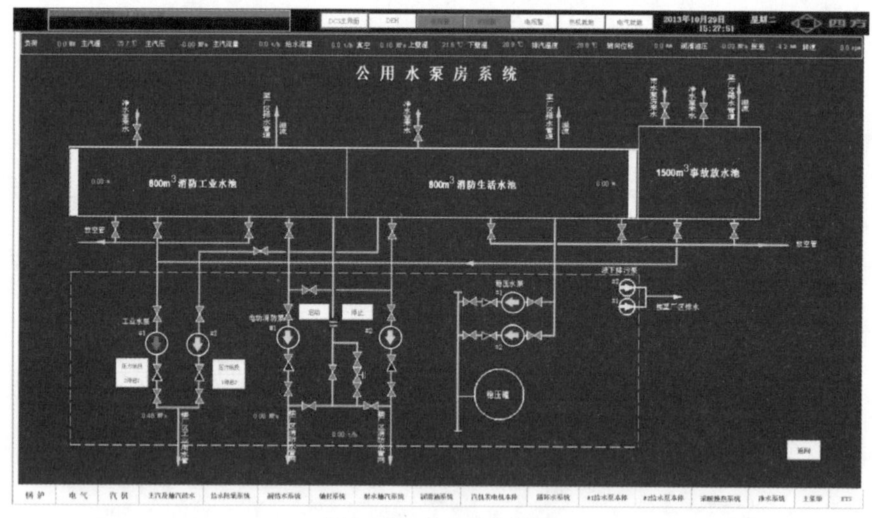

图6－18　启动工业水泵

（2）启动循环水泵

循环水系统就地准备，原则上保证需要远程操作的相关阀门都打开，保证整个冷却水循环系统畅通，如图6－19所示。

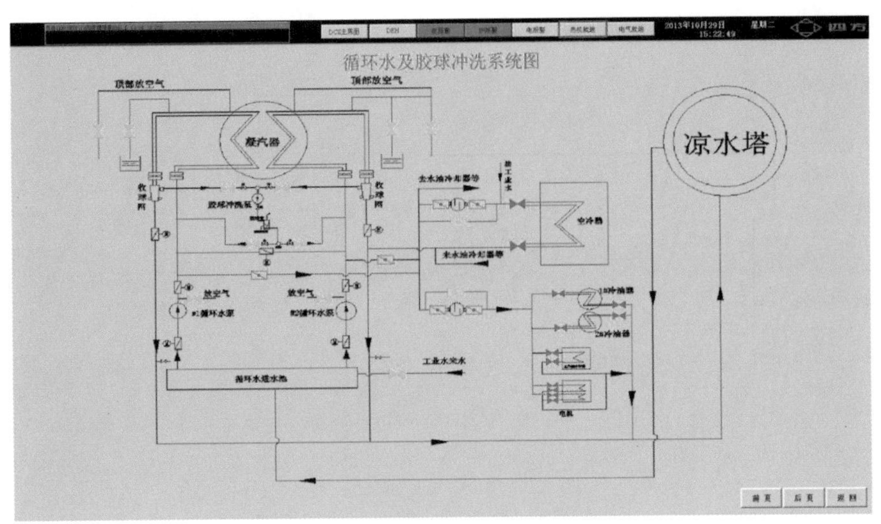

图 6－19　打通循环水的热机就地系统

在 DCS 循环水系统画面中启动#1 或#2 循环水泵。两套循环水泵,一备一用状态,打开一组就可以。在这里需要注意:#1、#2 循环水泵入口和出口都有电动蝶阀,在启动循环水泵时,需要先打开入口电动蝶阀,带状态变为打开之后,再依次启动循环水泵、出口电动蝶阀,最后打开循环水回水电动蝶阀。这样就完成了循环水泵的启动过程。启动后如图 6－20 所示。

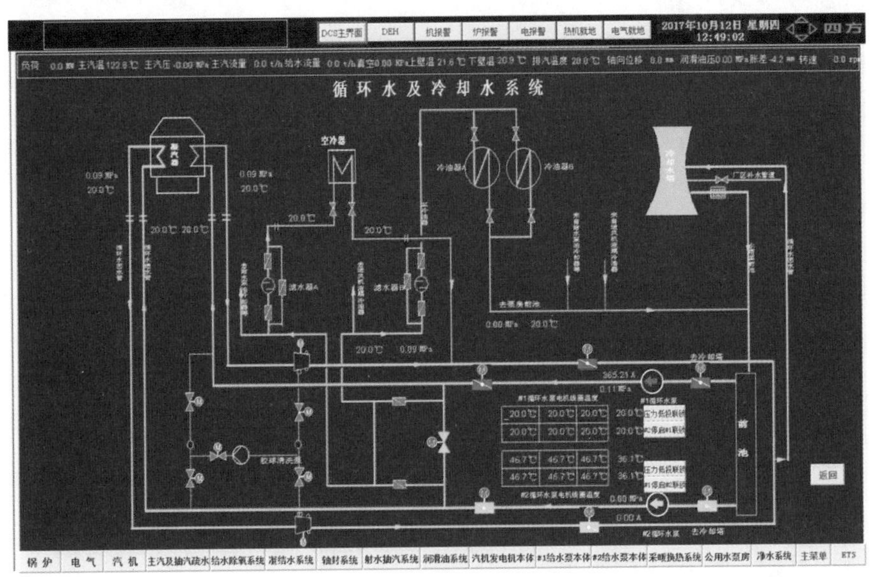

图 6－20　启动循环水泵

(3) 投入冷却水

至热机就地系统中进入冷却水系统图,打开所有与冷却水有关的阀门。冷却水系统投入后如图 6－21 所示。

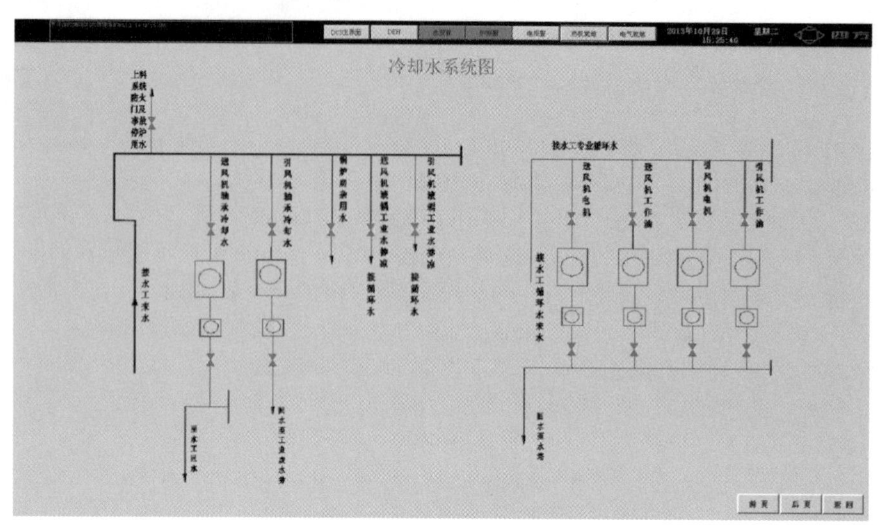

图 6－21　启动热机就地的冷却水系统

（4）启动空压机

在 DCS 空压机系统画面中启动三台空压机中的任意两台，投入#1 或#2 干燥机，保证主厂房检修用和仪用压缩空气压力正常，启动后如图 6－22 所示。

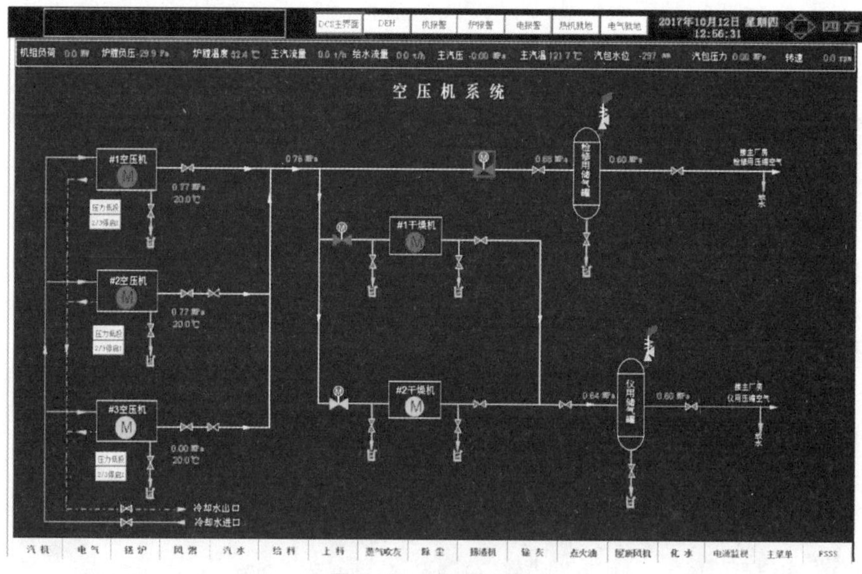

图 6－22　启动空压机

6.4　凝汽器-除氧器上水

（1）凝结水就地系统准备

状态如图 6－23 所示。

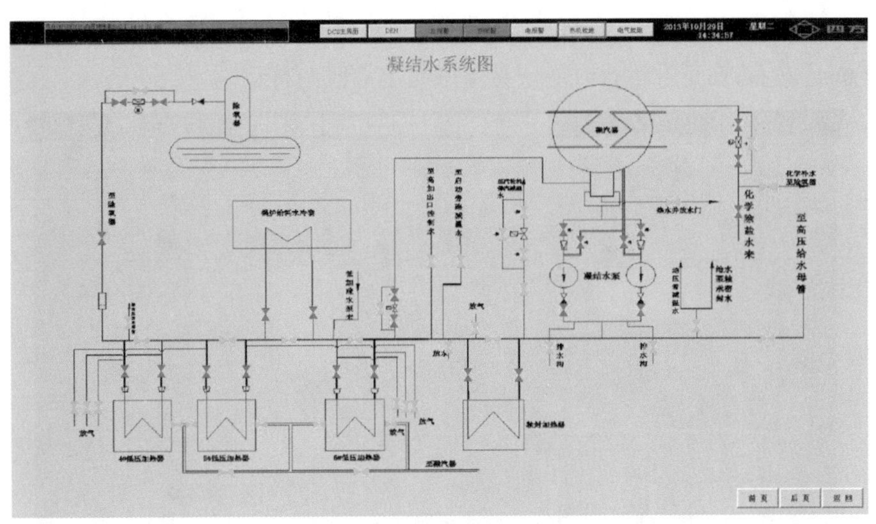

图 6－23　凝结水就地系统准备

（2）凝汽器上水

如图 6－24 所示，通过调整“化学水除盐水泵之凝汽器补充水调节阀”给凝汽器进行上水，并控制水位“1 000 mm”左右，在正常运行时应一直保持此正常值左右。

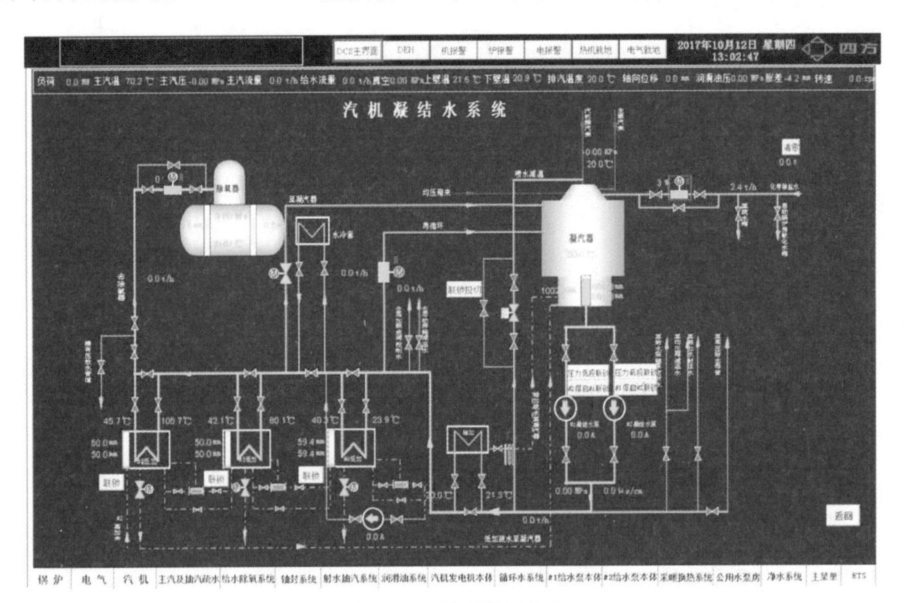

图 6－24　给凝汽器上水

（3）除氧器上水

如图 6－25 所示，启动#1 或#2 凝结水泵，通过“轴加出口至凝汽器再循环电动调节阀”和“#6 低加出口至凝汽器再循环电动阀”调整凝结水流量，保证凝结水流量不低于 20 t/h，随着负荷逐渐增大，应逐渐关闭轴加出口至凝汽器再循环电动调节阀”和“#6 低加出口至凝汽器再循环电动阀”。

通过调整“#4 低加至除氧器电动调节阀”给除氧器进行上水，并控制水位“2 000 mm”左右，在正常运行时应一直保持此正常值左右。

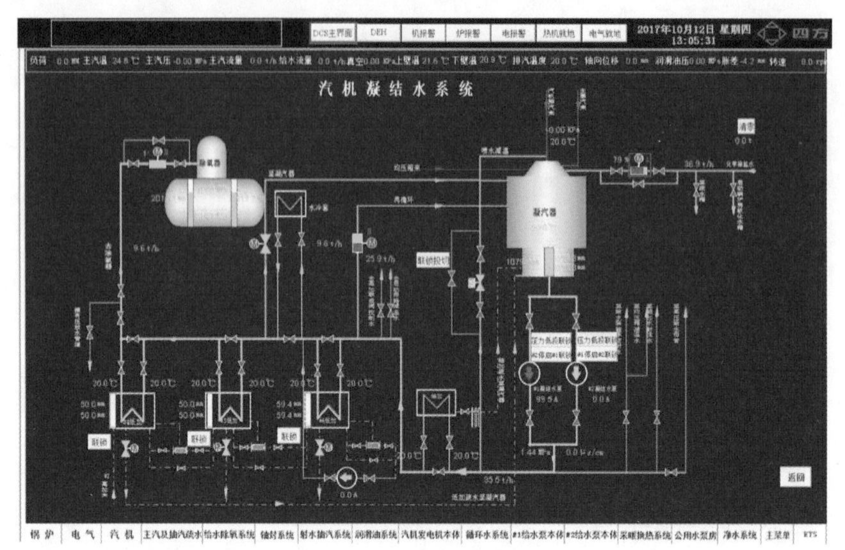

图 6－25　给除氧器上水

（4）凝汽器、除氧器上水完毕

根据凝汽器和除氧器的水位要求，调整凝汽器、除氧器的入口电动阀门开度，保证后续操作的时候它们的水位波动不大，保持稳定。

6.5　汽包上水

（1）给水除氧系统就地准备

状态如图 6－26 所示。

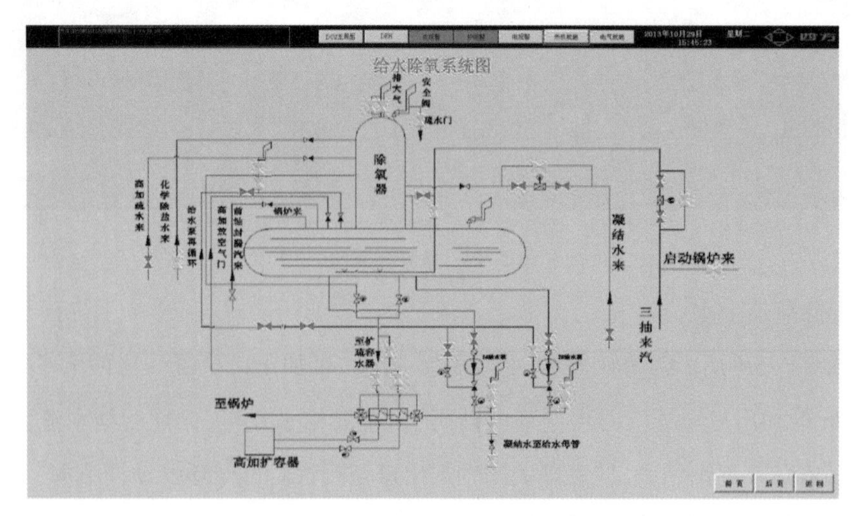

图 6－26　给水除氧系统就地准备

(2) 给水系统就地准备

状态如图 6－27 所示。

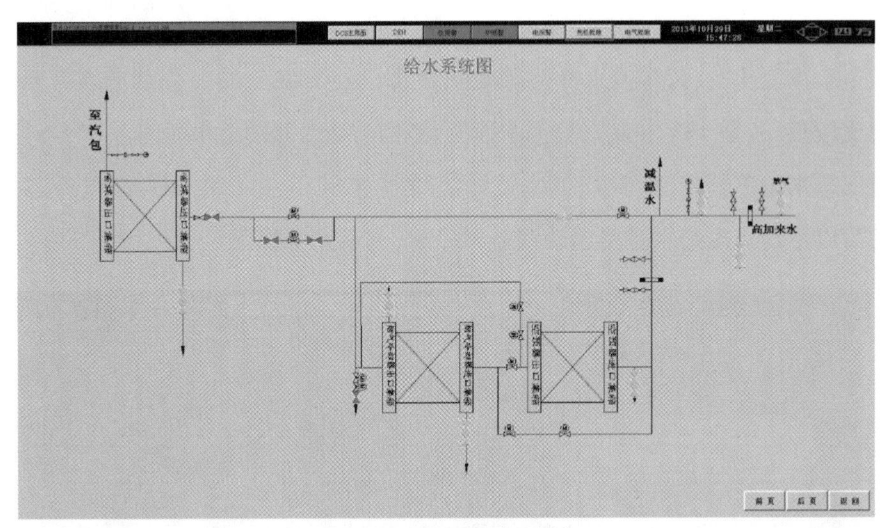

图 6－27　给水系统就地准备

(3) 给水泵启动

要启动#1 或#2 给水泵，第 1 步先打开供油前置泵电机，第 2 步开启给水泵最小流量电动阀，第 3 步打开给水泵电机，第 4 步打开给水泵出口电动阀，第 5 步打开给水泵液力耦合器供油流量调节阀（注：给水泵最小流量电动阀在 30% 负荷以上应逐渐关闭）。如图 6－28 所示。

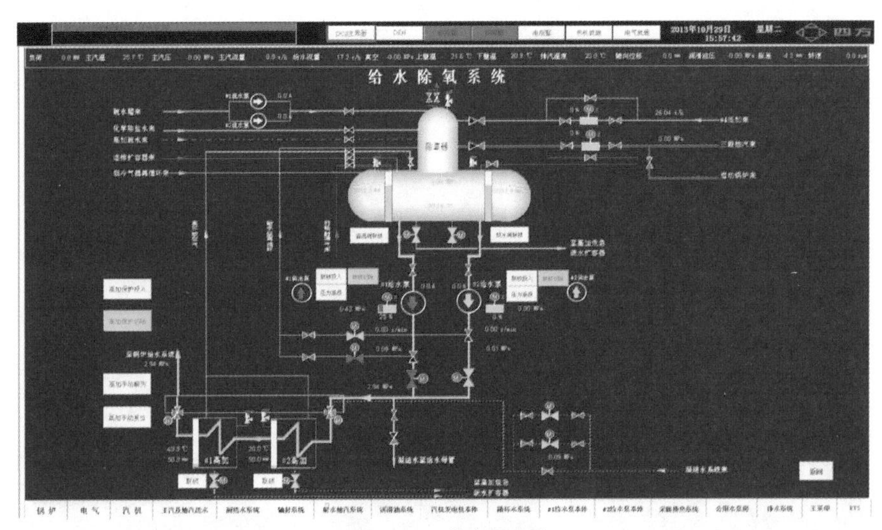

图 6－28　给水泵启动

（4）汽包水位控制

打开“空气预热器出口隔离阀”和“给水电动调节阀”或“给水旁路电动调节阀”，可以看到主给水管路中的水量在伴随着上升，意味着正在往汽包上水。

汽包水位变化时，意味着水冷壁等受热面都已经充满工质。所以一般需要持续上水时间比较长，若是 40 t/h 左右的上水速度，也得将近 1 h 的上水时间。

对汽包水位进行控制，控制其水位始终维持在 -50 ~ +50 mm，汽包冷态上水至 30% 负荷以下均应由给水旁路电动调节阀控制，上水完毕如图 6-29、图 6-30 所示。

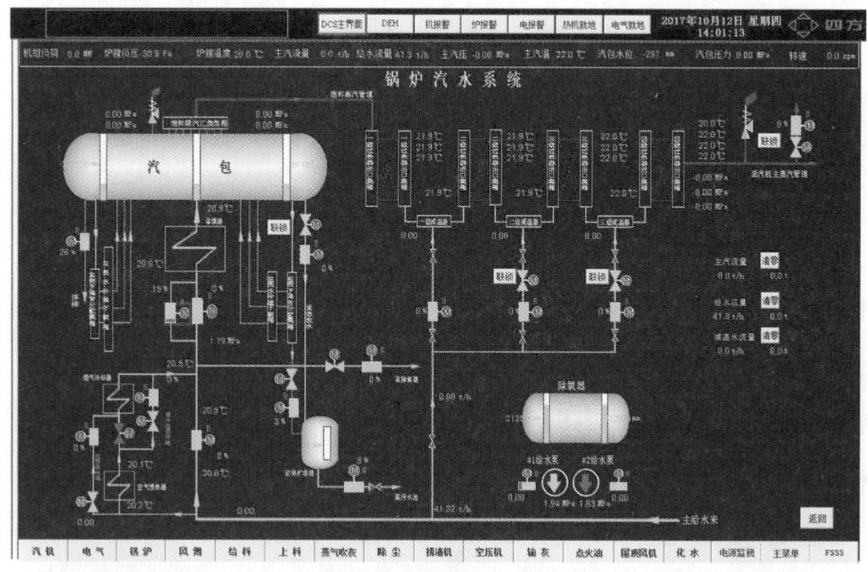

图 6-29 汽包上水过程

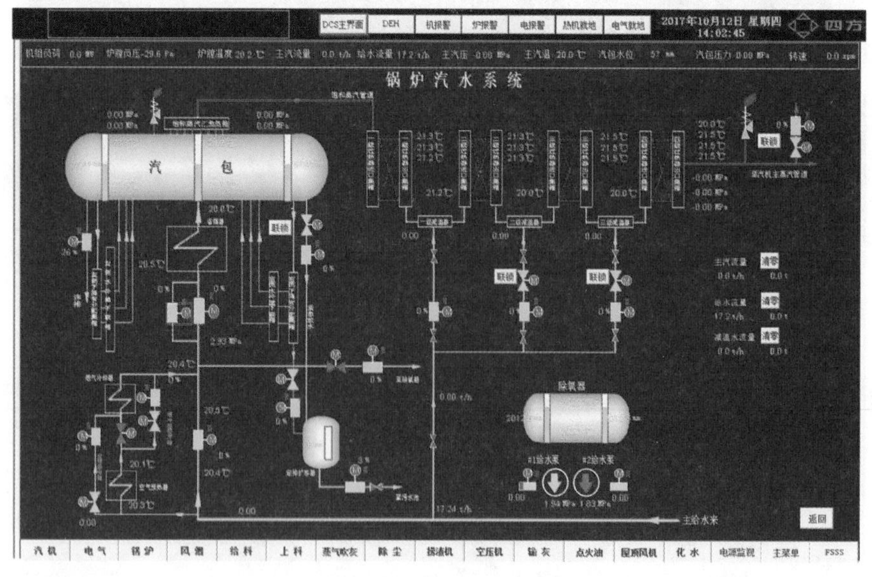

图 6-30 汽包上水完成

6.6 风烟系统启动及炉膛吹扫

(1) 引风机启动

置引风机耦合器开度 5% 以下，启动引风机。

(2) 送风机启动

置送风机耦合器开度 5% 以下，启动送风机。

(3) 风烟系统调整

协调调节以下设备，保证送风机出口风量 80 t/h 左右，空气预热器出口风压力 4.5 kPa以上，炉膛负压 -100 ~ -30 Pa 范围内。

- 调节引风机耦合器、引风机入口电动调节阀；
- 调节送风机耦合器、送风机入口电动调节阀；
- 调整高侧炉排、中心炉排、低侧炉排电动调节挡板；
- 调整上燃料风、炉膛后墙二次风、炉膛前墙二次风电动调节挡板。

如图 6-31 所示。

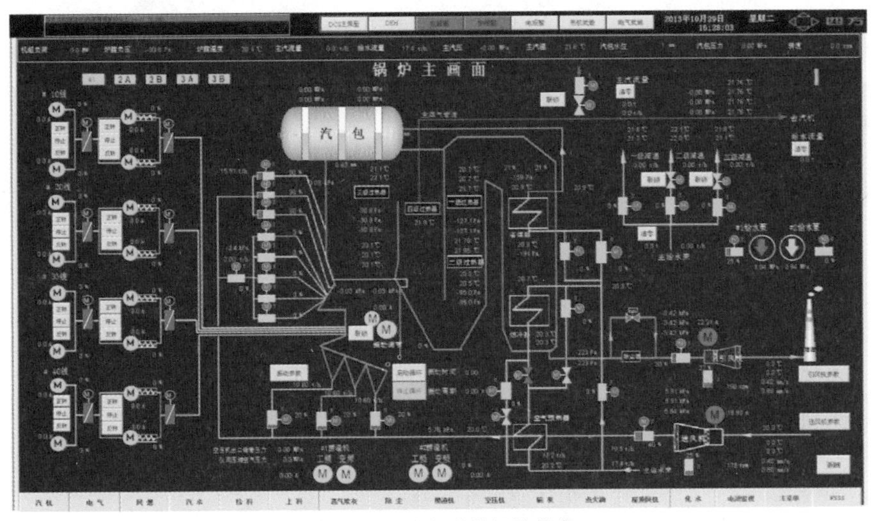

图 6-31　吹扫前的锅炉状态

(4) 炉膛吹扫

至 DCS 的 FSSS/MFT 界面中，执行 MFT 复位、首出复位后，点击吹扫开始，15 s 后吹扫完成，吹扫完成后如图 6-32 所示。

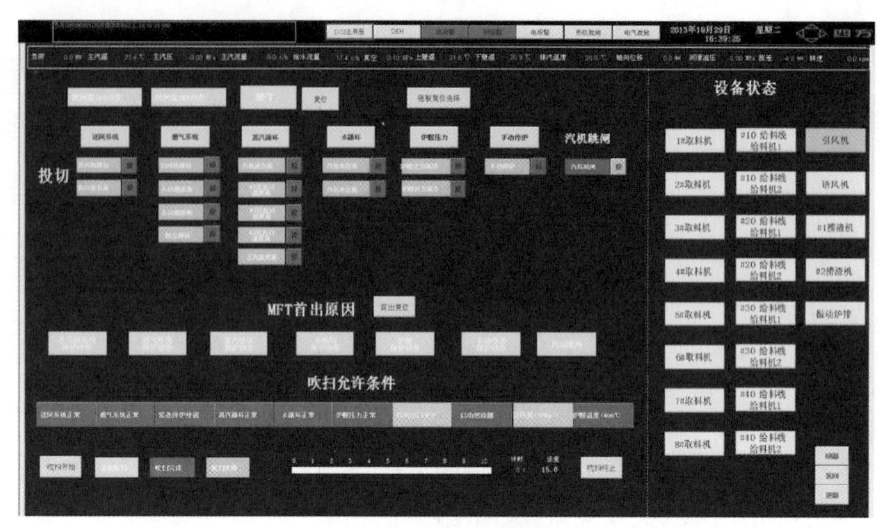

图6－32　吹扫过程

6.7　锅炉点火、升温升压至3 000 r/min定速

（1）锅炉点火

➢　打开4条给料线的#1、#2防火挡板。

➢　正转启动8台取料机。

➢　正转启动8台给料机。

➢　逐渐开大取料机和给料机将燃烧物质送入炉膛，8台给料机开度为7%左右，可以带至冲转参数。

（2）升温升压

➢　注意调整炉膛负压在正常值范围内。

➢　注意调整汽包水位、除氧器水位、凝汽器水位在正常值范围内。

➢　燃料和风量的调整应缓慢，保证炉膛温度不低于400 ℃以下。

➢　为保证烟气冷却器、空气预热器安全运行，排烟温度合适，应通过“空预器至给水箱启动旁路电动调节阀”保证烟气冷却器和空气预热器有一定的流量留过。

➢　如图6－33所示。

（3）冲转参数

通过“锅炉启动气动调节阀”进行对压力的控制，将冲转参数控制在，主汽压力：3.8 MPa，主汽温度：350～400 ℃。

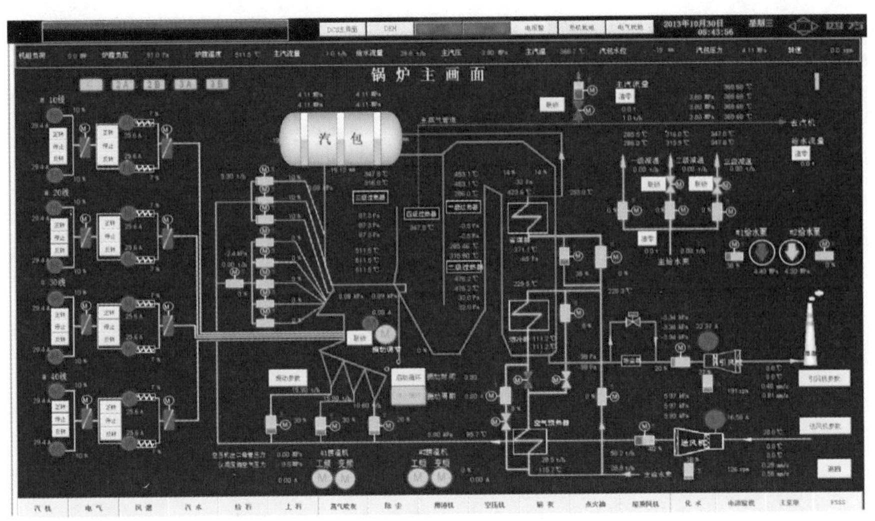

图6-33　锅炉升温升压过程

6.8　汽轮机冲转

（1）建立真空

➢ 射水抽气器系统就地准备，如图6-34所示。

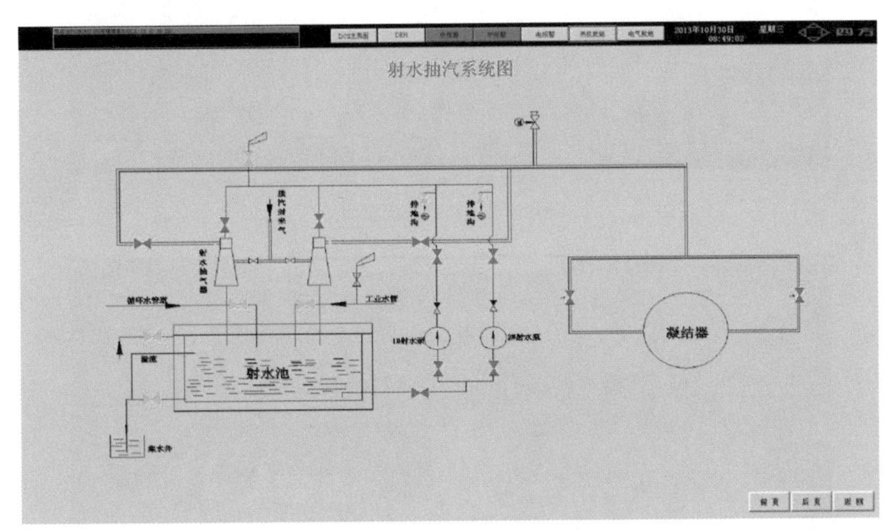

图6-34　建立真空

➢ 轴封系统就地准备，采用启动锅炉来汽供轴封汽，并确认DCS汽机轴封系统轴封压力在0.07 MPa左右，如图6-35、图6-36所示。

➢ DCS汽机射水抽气系统，启动#1或#2射水泵，启动#1或#2轴加风机，凝汽器开始抽空气建立真空，真空最终建立在-96 kPa左右，如图6-37所示。

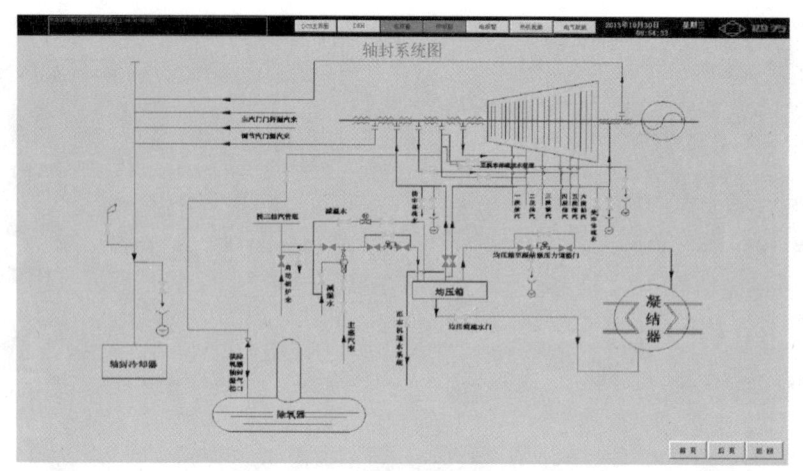

图6－35　轴封系统就地准备

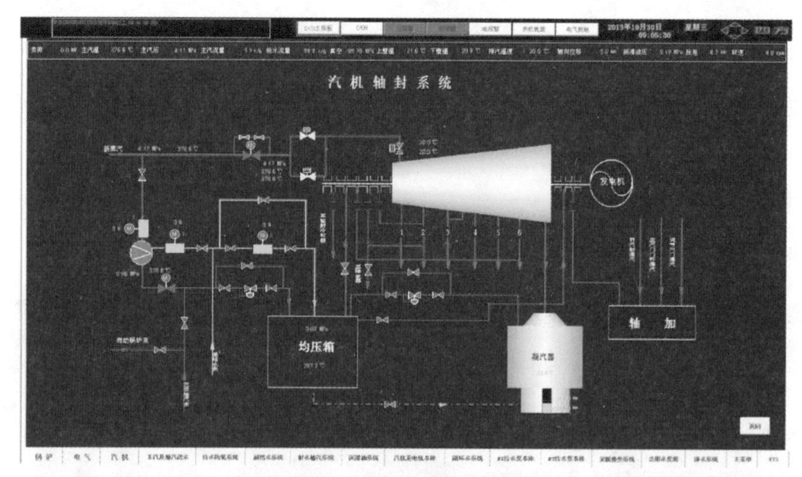

图6－36　轴封系统启动

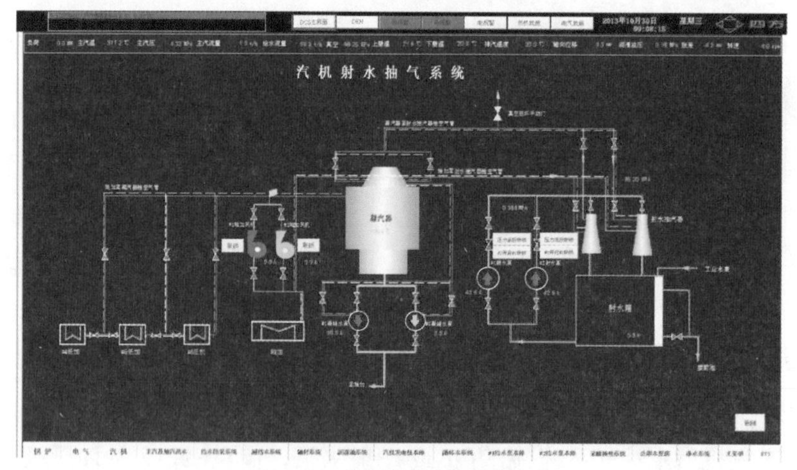

图6－37　汽机射水抽气系统启动

➢ DCS 汽机润滑油系统准备，启动高压交流润滑油泵、启动#1 或#2 顶轴油泵、汽机盘车投入、启动排烟风机，如图 6－38 所示。

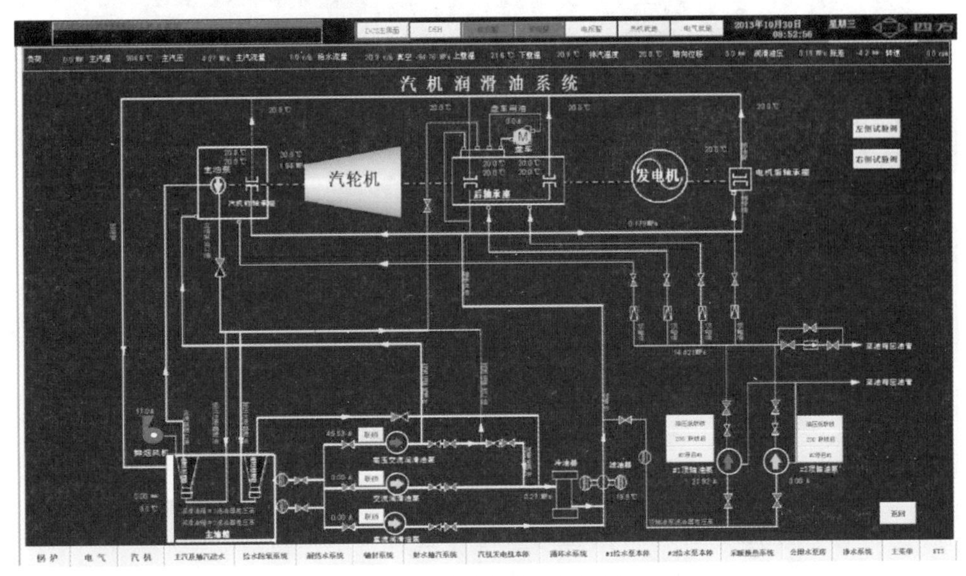

图 6－38　汽机润滑油系统启动

（2）准备冲转

➢ 主蒸汽系统就地准备，开启高压主汽阀，如图 6－39 所示。

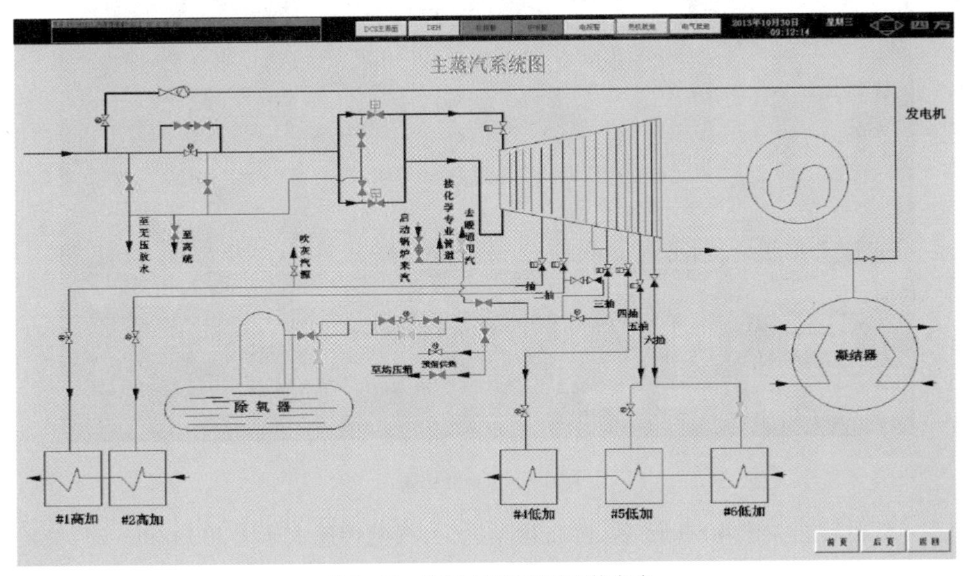

图 6－39　汽机主蒸汽就地系统启动

➢ DCS 汽机主画面，开启汽机侧主蒸汽电动闸阀，如图 6－40 所示。

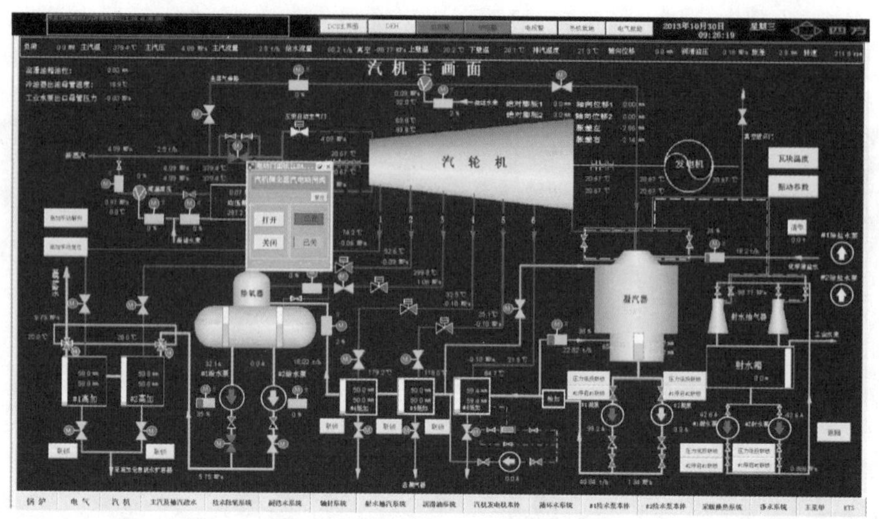

图 6-40　开启汽机侧主蒸汽电动闸阀

（3）冲转至 3 000 r/min 定速

➢ DEH 画面点击“运行”，汽轮机目标转速自动设定为“3 000 r/min”，升速率“100 r/min”，冲转进行中，在冲转过程中，应一直保持主汽压力 3.8 MPa 左右，通过调节“锅炉启动气动调节阀”进行对压力的控制，冲转进行中的画面如图 6-41 所示。

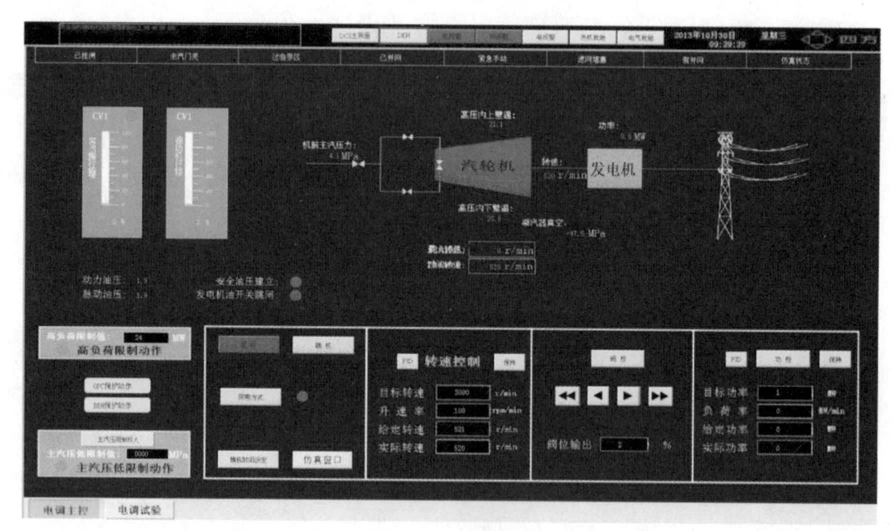

图 6-41　冲转转速

➢ 汽机转速大于 4 r/min 后，停止盘车运行，汽机转速大于 1 200 r/min 时，应停止顶轴油泵的运行，汽机转速大于 2 800 r/min 时，应停止高压交流润滑油泵，汽机 3 000 r/min定速时如图 6-42 所示。

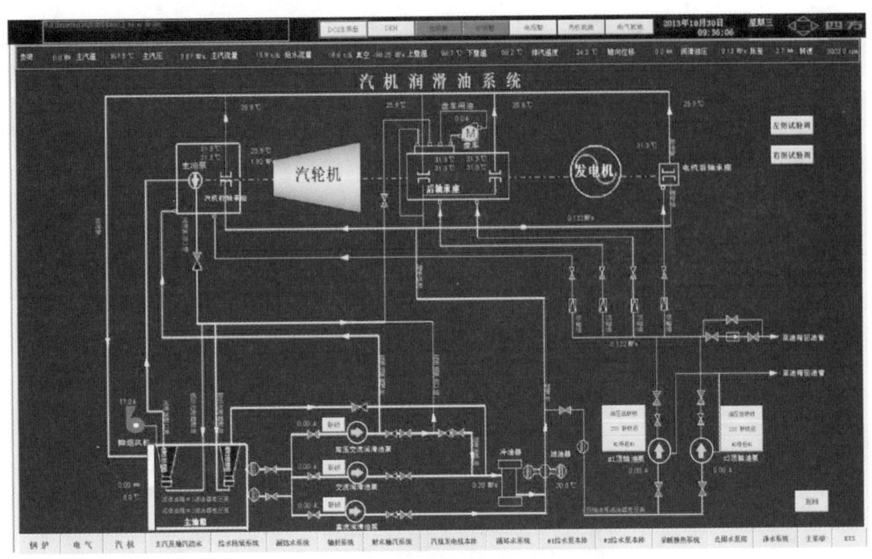

图6－42　升转速后调整润滑油系统

6.9　并网带初负荷

(1) 发电机保护柜就地并网前准备

电气就地画面中送发电机保护屏装置电源，并投入相关压板，如图6－43、图6－44所示。

图6－43　发电机保护柜

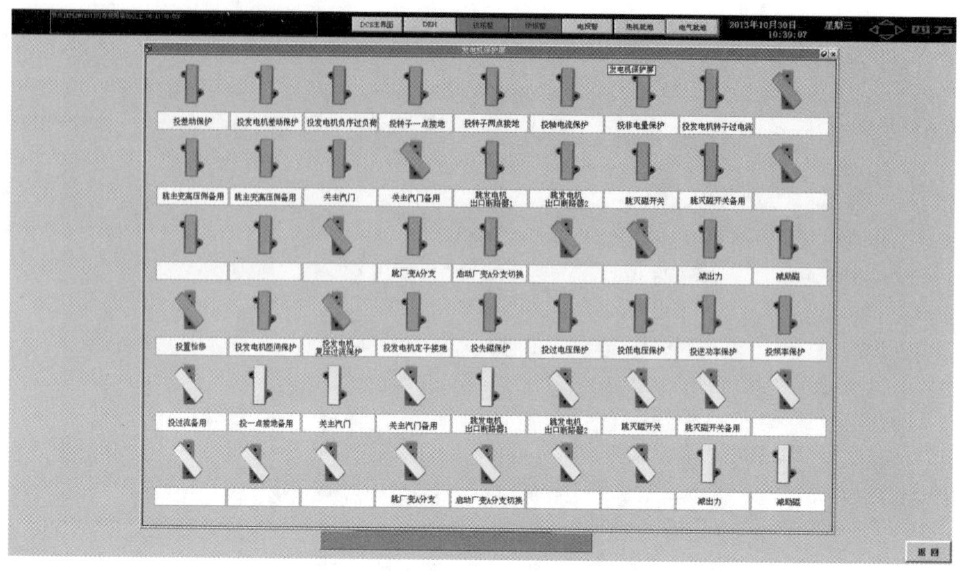

图 6－44　投入发电机保护柜相关压板

（2）变压器保护柜就地并网前准备

电气就地画面中送变压器保护屏装置电源，并投入相关压板，如图 6－45、图 6－46 所示。

图 6－45　变压器保护柜

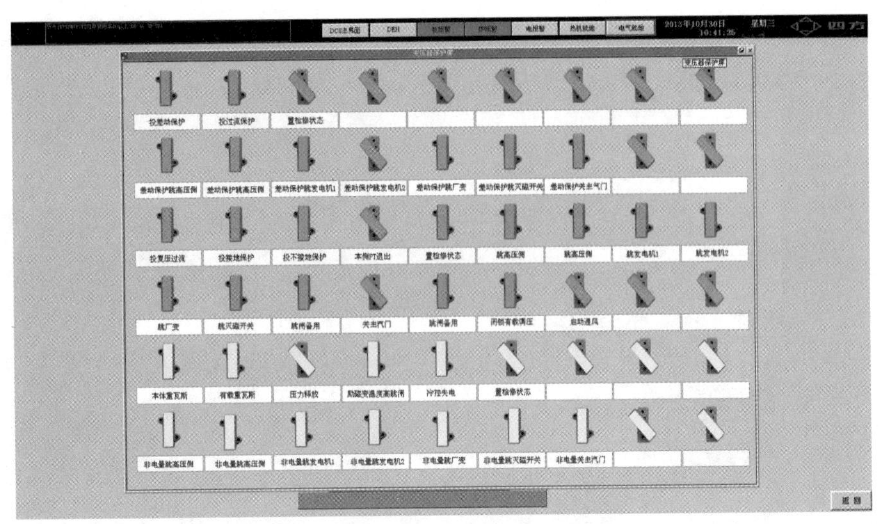

图 6－46　投入变压器保护柜相关压板

(3) 主变冷却器就地并网前准备

投入主变冷却器,如图 6－47 所示。

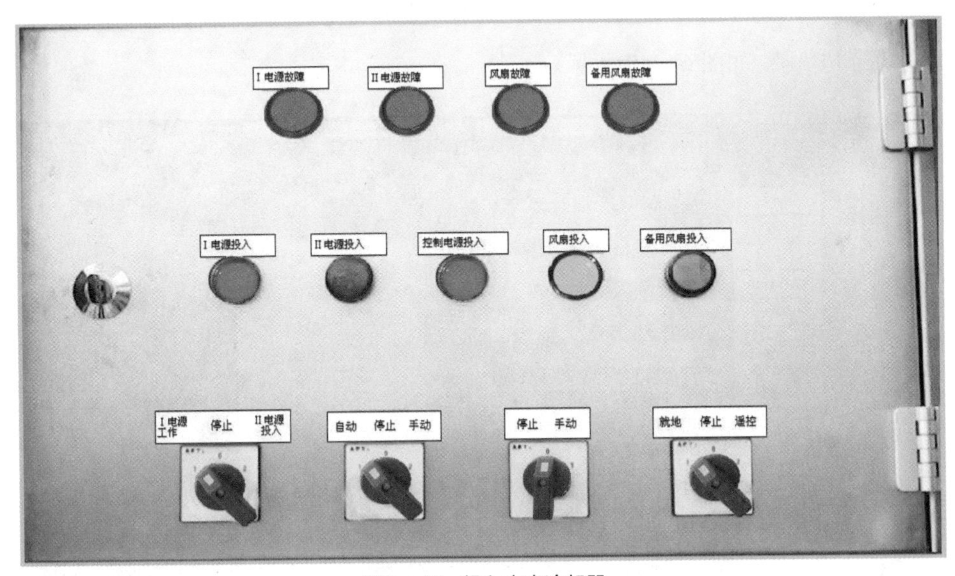

图 6－47　投入主变冷却器

(4) 励磁投入

点击“励磁装置”,操作“AVR 投入”和“通道 I 投入”,合上励磁开关,然后点击“起励”,励磁变高压侧 Ia、Ib、Ic 在 7A 左右,如图 6－48 所示。

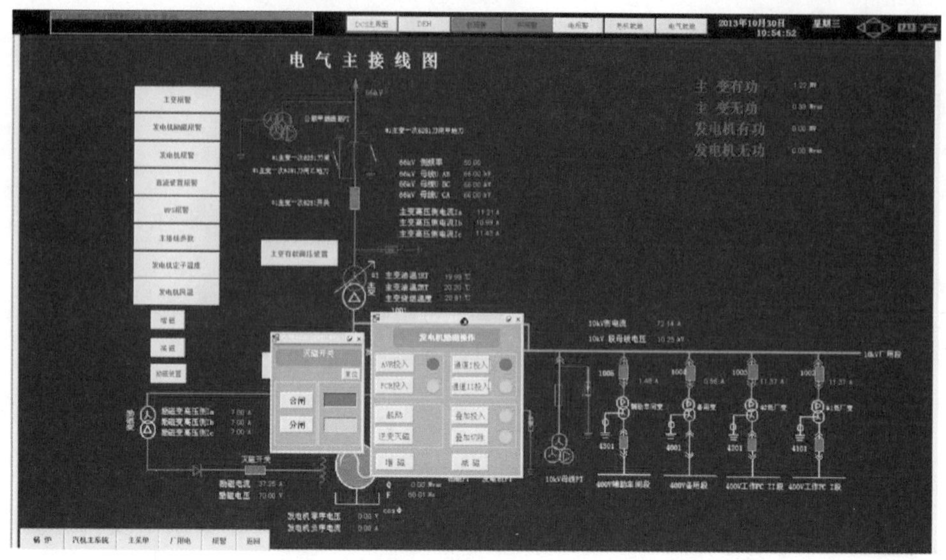

图6-48　励磁投入

（5）同期并网带初负荷

点击“自动同期装置投电”,点击“自动同期投入工作位”,合上发电机出口断路器,并网成功带初负荷,如图6-49所示。

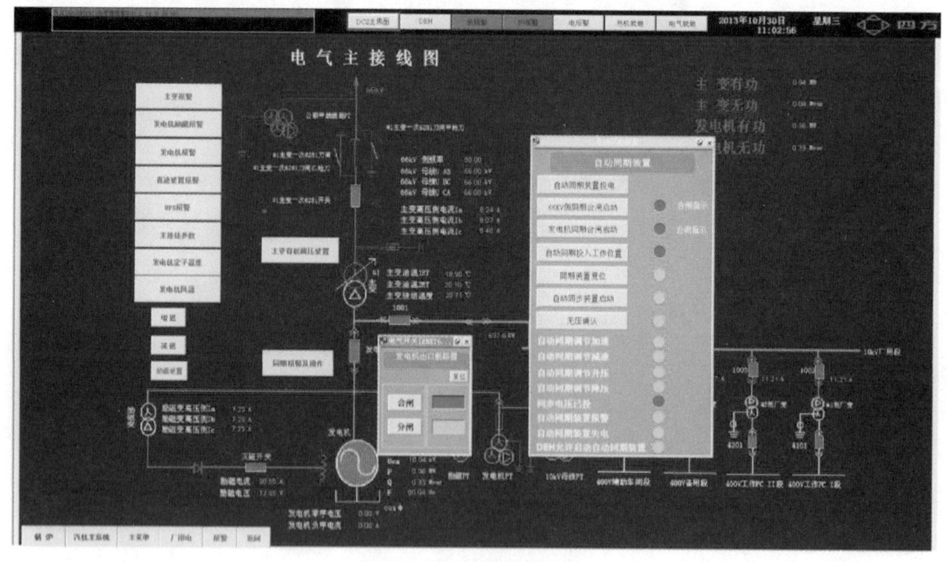

图6-49　并网带初负荷

6.10　投入高低压加热器

（1）高低加疏水系统就地准备

高低加疏水系统就地准备的相关操作如图6-50所示。

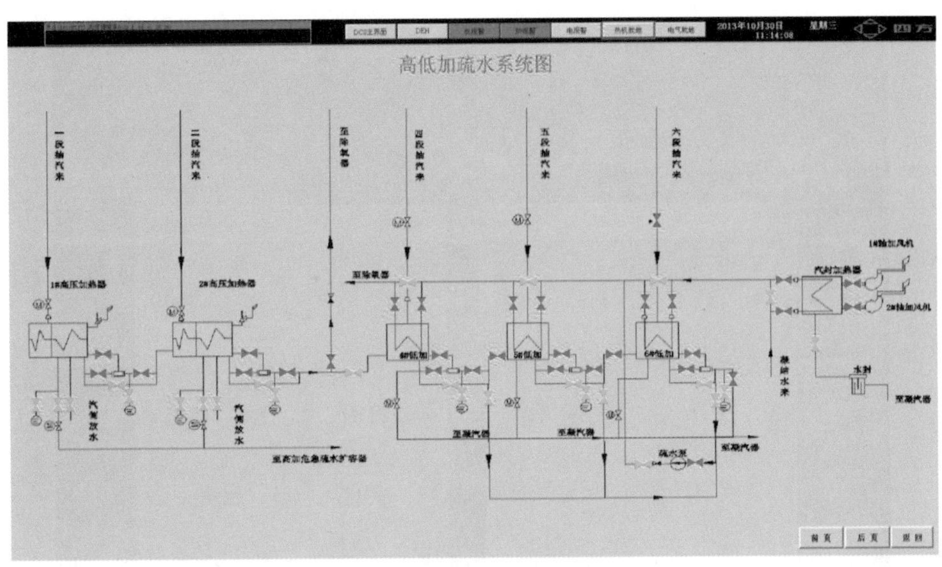

图 6－50　高低加疏水系统就地准备

（2）打开各段抽汽控制电磁阀

打开一、二段，三段，四、五段抽汽控制电磁阀，如图 6－51 所示。

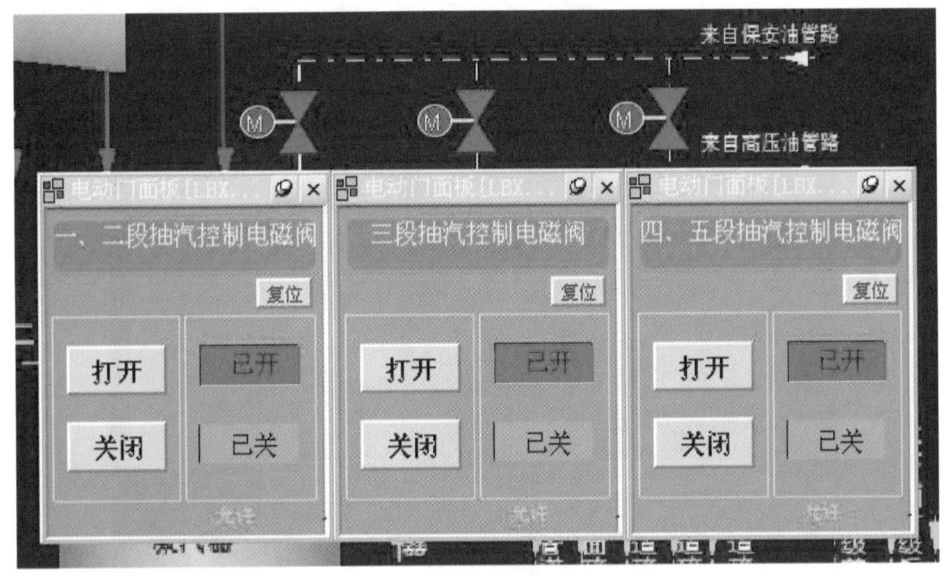

图 6－51　打开各段抽汽控制电磁阀

（3）低压加热器投入

依次打开五抽至#5 低加电动闸阀、四抽至#4 低加电动闸阀，如图 6－52 所示。

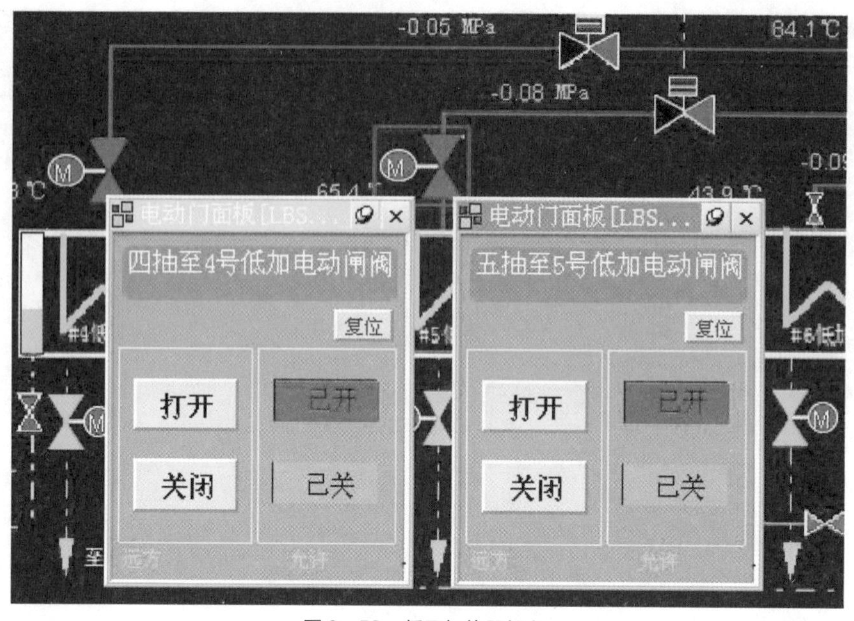

图6－52　低压加热器投入

（4）高压加热器投入

依次打开三抽至除氧器电动闸阀、二抽至#2高加电动闸阀、一抽至#1高加电动闸阀，如图6－53所示。

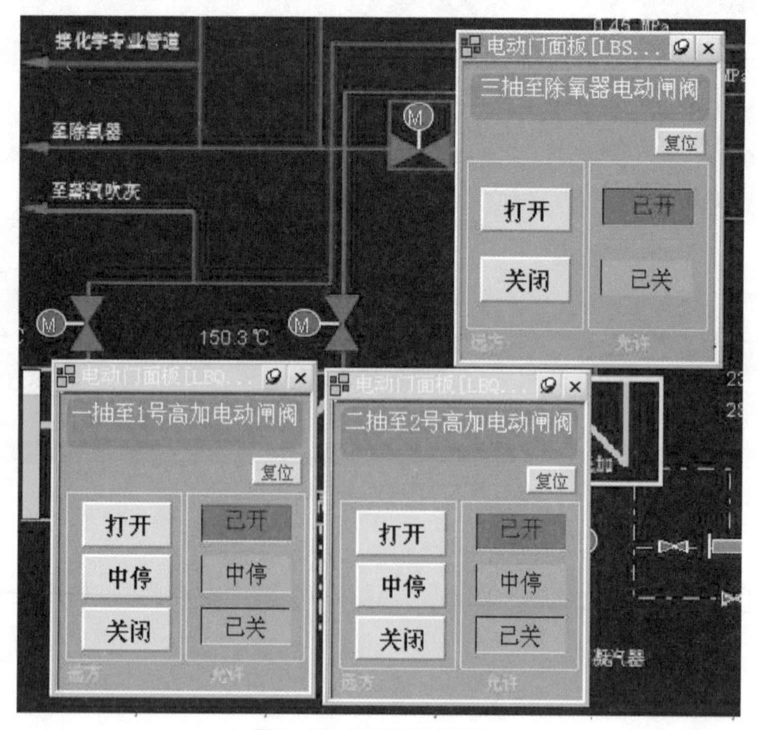

图6－53　高压加热器投入

（5）高低压加热器投入注意事项

高低加正常运行时采用逐级自流的运行方式，高低加投入时应依次、缓慢操作，必要时通过中停操作来控制投入时间，避免负荷、水位、工质温度等大幅波动。高低加水位均为疏水阀自动控制，应严密监视各水位，高加水位一般维持在 600 mm，低加水位一般维持在 400 mm，高低加投入完毕，如图 6－54 所示。

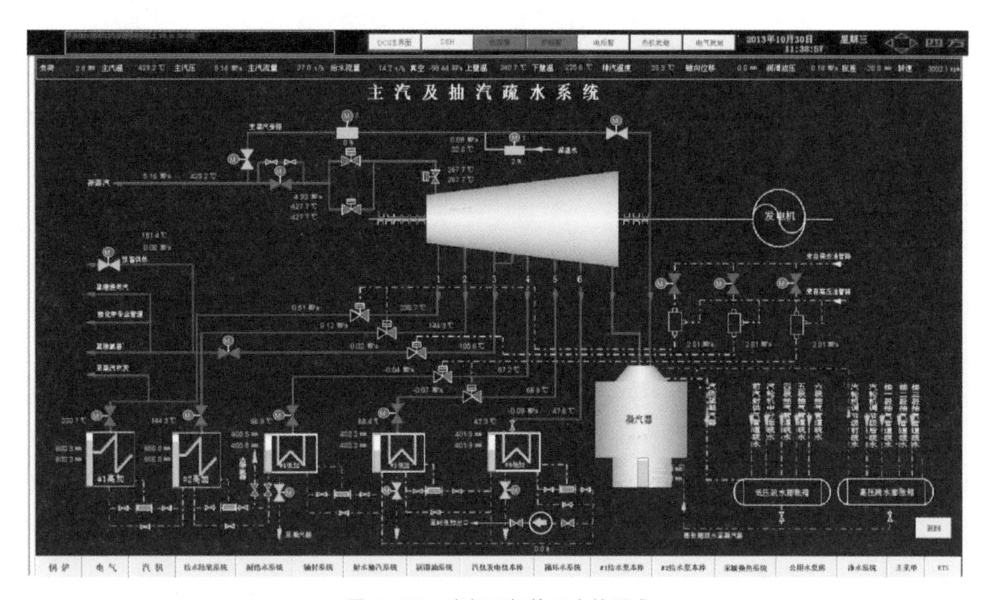

图 6－54　高低压加热器水位要求

6.11　升负荷至满负荷

（1）滑参数启动

升负荷应按照负荷、压力曲线协调进行，锅炉滑参数启动曲线按表 4－1 所示。

（2）汽包水位调整

锅炉给水应均匀，水位应保持在“0”位，正常波动范围为 ±20 mm，最大不超过 ±50 mm。在正常运行中，不允许中断锅炉给水。

当给水自动投入时，应经常监视给水自动的工作情况及锅炉水位的变化，保持给水量变化平稳，避免调整幅度过大，并经常对照蒸汽流量与给水流量是否相符合。若给水自动失灵，应立即解列自动，该为手动调整水位。

（3）汽温调整

锅炉在正常运行中，应保持过热蒸汽温度 540$^{+5}_{-10}$ ℃运行。

调整减温水时，应缓慢平稳，避免大幅度的调整。减温器的使用应合理，应以二级为主,一、三级为辅。若投入一、二级减温器时,应严格监视减温器出口汽温应高于该压力下的饱和温度,并有一定的过热度。

负荷在70% ~100%范围内,汽温应保持额定汽温,当负荷40% ~70%时,汽温值可参阅滑参数停炉曲线中相对应压力、负荷下的汽温值。

第 7 章　常见事故处理

7.1　紧急停炉

（1）紧急停炉的条件

1）锅炉满水：汽包就地水位计水位均超过最高可见水位或操作盘各水位表指示超过 +275 mm。

2）锅炉缺水：汽包就地水位计水位均低于最低可见水位或操作盘各水位表指示低于 -175 mm。

3）炉管爆破，不能保持锅炉正常水位时。

4）承压部件漏气、漏水严重，危及人身及设备安全时。

5）全部水位计及水位表损坏时。

6）发生人身事故，不停炉不能抢救受伤者时。

7）燃料在燃烧室后的烟道内燃烧，使排烟温度不正常升高时。

8）锅炉达到 MFT 动作条件拒动时。

（2）请示停炉的条件

1）汽包、集箱及连接焊口裂缝漏汽、漏水时。

2）过热器、省煤器、减温器、水冷壁泄漏时。

3）过热蒸汽温度超过 550 ℃，管壁温度超过 560 ℃，经调整和降低负荷仍不能恢复正常时。

4）锅炉给水、炉水或蒸汽品质严重低于标准，经处理仍未恢复正常时。

5）锅炉严重结焦而难以维持运行时。

6）单侧给料机故障不能及时恢复时。

7）振动炉排发生故障停止振动短时不能恢复时。

（3）紧急停炉的操作

1）按下紧急停炉按钮，使送风机跳闸，给料机跳闸，炉排振动停止。

2）一次风门、点火风、二次风门联动关闭。

3）开启上二次风（燃尽风）。

4）开启点火排汽，调节锅炉压力。

5）如正在吹灰工作时吹灰器停止运行，退出吹灰工作。

7.2 锅炉满、缺水

（1）锅炉满、缺水的原因

1）给水自动调节器失灵，给水调整装置故障或给水门严重泄漏。

2）水位表、蒸汽流量表、给水流量表指示不正确或仪表电源消失。

3）锅炉负荷增、减太快。

4）给水压力突然升高或下降。

5）水冷壁、省煤器、过热器管破裂。

6）排污不当或排污门严重泄漏。

7）运行人员疏忽大意，对水位监视不够，调整不及时或误操作。

8）给水管路、给水泵发生故障。

（2）锅炉满水现象

1）汽包就地水位计可见水线超过最高可见水位。

2）光字牌信号发出“水位高”的警报，所有水位计、水位表均指向正值。

3）给水流量大于蒸汽流量，其差值较正常增大。

4）满水严重时，过热蒸汽温度急剧下降，蒸汽管道内有冲击声，法兰向外冒汽、水。

5）蒸汽含盐量增大。

（3）锅炉满水的处理

1）当锅炉的汽压及给水压力正常，而汽包水位超过正常水位 +100 mm 时，应采取：经核对证明水位表指示正确。若因给水自动调节器失灵而影响水位升高时，应解列自动，手动关小调整门，减少给水量。关闭备用给水管上的给水门。

2）汽包水位计表超过 +200 mm 时，应采取：继续关小给水门，减少给水量。开启事故放水或排污门进行放水。根据汽温下降情况，解列减温水自动，关小或解列减温器。通知汽机开启有关疏水门。

3）所有汽包水位表指示均超过 +275 mm，延时 2 s，锅炉 MFT。

4）锅炉因水位高致使锅炉 MFT 后，应做：停止锅炉进水，开启烟冷器至除氧器再循环门。加强锅炉放水，注意水位在汽包水位计中出现。汽包水位表指示 +50 mm 时，停止放水。消除满水故障及蒸汽管道疏水后，重新点火，尽快恢复机组的运行。

（4）锅炉缺水现象

1）汽包就地水位计可见水位低于最低可见水位。

2）光字牌信号发出“水位低”的警报，所有水位计、水位表均指向负值。

3）给水流量小于蒸汽流量，其差值失常（水冷壁、过热器、省煤器破裂时，则现象相反）。

4）缺水严重时，过热蒸汽温度升高。

5）若给水泵故障引起缺水时，给水压力下降。

（5）锅炉缺水的处理：

1）当锅炉汽压及给水压力正常，而汽包水位低于正常水位 -50 mm 时，应采取：经核对证明水位表指示正确；若给水自动调节器失灵而影响水位降低时，应解列自动，手动开大调整门，增加给水流量；如用调整门不能增加给水时，则应投入备用给水管道，增加给水流量；若给水压力低引起水位低，应联系汽机值班员，恢复给水压力。检查锅炉放水门的严密性及承压部件情况；停止排污及放水操作。汽包水位表指示低于 -125 mm时，应继续加强给水，仍不能维持正常水位时，通知汽机，降低锅炉负荷。

2）所有汽包水位计指示均低于 -175 mm 时，延时 2 s，锅炉 MFT。

3）锅炉因水位低致使锅炉 MFT 后，应做：进行叫水，如有水线上升，联系加强给水，水位升至 -100 mm 后，重新点火。经叫水无水线上升，为严重缺水，应严禁向锅炉进水，停炉冷却。经生产部经理批准，方可重新上水点火。关闭加药、取样、连续排污门。

7.3 水冷壁管爆破

（1）水冷壁管爆破的现象

1）炉膛负压变正至最大值；一、二次风压增大；炉内有爆破响声；从人孔门及炉膛不严密处向外喷射烟雾；

2）汽温、汽压及水位下降；

3）给水流量大于蒸汽流量，其差值增大，给水压力下降；

4）锅炉燃烧不稳或造成灭火；

5）引风机电流增加，排烟温度降低；

（2）水冷壁管爆破的处理

1）发现水冷壁管爆破，应紧急停炉，但引风机不停，维持炉膛负压；

2）向电气、汽机发出事故通知，减除全部负荷；

3）关闭给水门，停止锅炉进水；

4）严禁打开看火门观看。

（3）水冷壁管爆破的原因

1）给水质量不合格，化学监督不严，未按规定进行排污，使水冷壁管内结垢腐蚀；

2）安装及检修时管子堵塞，使水循环不良，引起管子局部过热，产生鼓炮和裂纹；

3）给料口附近的水冷壁管防护不良，管子被燃料磨损；

4）点火、停炉时使个别部分受热不均；

5）管子安装不当，制造有缺陷，材料质量和焊接质量不符合标准；

6）水冷壁集箱及汽包吊（支）架安装不正确，不能使管子、集箱和汽包均匀的膨胀；

7）锅炉负荷过低，热负荷偏斜或排污量过大造成水循环破坏；

8）吹灰器角度不正确或吹灰压力过高，使管壁减薄。

7.4 过热器管爆破

（1）过热器管爆破的现象

1）炉膛负压变正，引风机电流增大；

2）蒸汽流量不正常的小于给水流量；

3）过热器管爆破处，炉膛烟温度下降，排烟温度降低；

4）爆破严重时汽压下降；

5）过热器附近有明显的漏汽声；

6）从炉墙人孔门及不严密处向外漏汽、漏烟；

7）管壁温度及过热蒸汽温度发生变化；

8）如一、二级过热器爆破，炉后两侧烟温差值增大。

（2）过热器管爆破的处理

1）能维持汽压和水位时可短时间运行；

2）请示停炉时间，并密切监视故障的发展情况；

3）降低负荷运行；

4）爆破严重不能维持汽压和水位时应紧急停炉（防止从爆破的过热器管中喷出蒸

汽,吹损邻近的过热器管,避免扩大事故),但引风机不停,维持炉膛负压。

(3) 过热器管爆破的原因

1) 化学监督不严,汽水分离设备结构不良或存有缺陷,使蒸汽品质不良,在过热器管内结垢,检修时又未彻底清除,引起管壁温度超温;

2) 由于运行工况或燃料改变,引起蒸汽温度高而未及时调整处理,使过热器管温度超过极限而烧坏;

3) 点火、升压过程中,过热器通汽量不足而造成过热;

4) 燃烧不正常,火焰偏斜,致使过热器处的烟温升高;

5) 过热器安装不良,间隙未调整好使烟气流通不均;

6) 过热器管被飞灰磨损严重;

7) 过热器管内蒸汽分配不均匀,蒸汽流速过低,引起管壁温度过高;

8) 金属材料不良,金属内部结构变坏;

9) 安装和检修时,焊接不良,使用焊条不合格;

10) 高温过热器的合金钢误用碳素钢管;

11) 吹灰器角度不正确或吹灰压力过高,蒸汽吹损过热器管;

12) 过热器管被杂物堵塞;

13) 运行年久,管材蠕胀。

7.5 省煤器管爆破

(1) 省煤器管爆破的现象

1) 汽包水位计及各水位表指向负值,给水流量不正常的大于蒸汽流量;

2) 光字牌发出“汽包水位低”信号;

3) 炉膛负压变正,维持炉膛负压时引风机电流增大;

4) 排烟温度降低;两侧烟温差值增大;

5) 飞灰湿度增大。

(2) 省煤器管爆破的处理

1) 省煤器管泄漏,能维持正常水位时,减少负荷,请示停炉时间;

2) 减少负荷后,增大给水量仍不能维持正常水位时,应立即停炉:停止锅炉上水(引风机不停),并关闭所有放水门。

(3) 省煤器管爆破的原因

1）给水质量不合标准，使省煤器腐蚀；

2）锅炉机组正常运行时，给水温度变化过大，点火、升压过程中补水温度不当，使管子受到不正常的热应力；

3）错用管材或管材有缺陷及焊接质量不合格；

4）点火、停炉时未能及时开、关烟冷器至除氧器再循环门；

5）烟道内发生二次燃烧，提高了省煤器附近的排烟温度；

6）省煤器管内结垢，未能及时清除，使管子过热；

7）省煤器管内被杂物堵塞影响水的畅通，使管子过热；

8）省煤器管被飞灰磨损严重。

7.6　烟气冷却器爆破

（1）烟气冷却器爆破现象

1）炉膛负压变正，炉膛压力投自动时，引风机入口挡板增大后转数升高，电流增大；

2）给水压力下降，光字牌发出“给水压力低”信号，汽包水位投自动时，给水泵转数升高，严重时给水泵联动；

3）汽包水位下降，给水流量不正常的大于蒸汽流量；

4）两侧烟温差值增大，排烟温度降低；

5）烟气冷却器出口水温下降；

6）飞灰变潮。

（2）烟气冷却器管爆破的处理

1）确认烟气冷却器管爆破，应立即紧急停炉；

2）停止给水泵，关闭给水管路电动门和旁路给水电动门；

3）开启烟道旁路，关闭布袋除尘器入口挡板；

4）保持引风机运行，维持炉膛负压，严禁打开烟道检查孔和人孔门观看。

（3）烟气冷却器爆破的原因

1）给水质量不合标准，使管子腐蚀；

2）焊接质量不合格；

3）烟道内发生二次燃烧，提高了管子附近的烟气温度；

4）运行中保持烟气冷却器水流量较少，管子长期过热；

5）管内结垢，未能及时清除，使管子过热；

6）管内被杂物堵塞影响水的畅通，使管子过热；

7）管壁被飞灰磨损。

7.7 锅炉灭火

（1）锅炉灭火现象

1）燃烧室负压增至最大，炉温急剧下降，燃烧室变暗。

2）蒸汽流量先升后降。

3）水位瞬间下降而后上升，蒸汽压力与蒸汽温度下降。

4）若锅炉 MFT 动作，汽机快速减负荷至 2 MW。

（2）灭火原因

1）给料机断料后，未能及时发现和调整或误操作等。

2）自动装置失灵或调整幅度过大。

3）锅炉爆管。

（3）灭火处理

1）当锅炉灭火时，应立即停止给料机运行。关闭一、二次风门，维持引风机的空转。

2）解列各自动装置。

3）保持锅炉水位略低于正常水位，一般为 -100 mm。

4）增大燃烧室负压，以排除燃烧室和烟道内的可燃物。

5）根据汽温下降情况，关小减温水门或解列减温器，开启过热器疏水门。

6）当确认炉内无明火及可燃物后方可启动送风机对锅炉进行吹扫，重新点火。

7）如短时间不能消除故障，则应按正常停炉程序停炉。

7.8 引风机跳闸

（1）引风机跳闸的现象

事故喇叭叫，锅炉 MFT。DCS 画面引风机状态闪烁，电流到零。汽压、汽温下降。炉膛负压变正至最大。

（2）引风机跳闸的处理

将跳闸设备开关拉回停止位置。关闭引风机入口门，保持炉膛负压，等待恢复。检修查找故障原因。

7.9 送风机跳闸

（1）送风机跳闸的现象

事故喇叭叫，锅炉 MFT。DCS 画面送风机状态闪烁，电流到零。一、二次风压降低。炉膛负压增大至最大。汽压、汽温下降。锅炉燃烧迅速减弱，若联锁投入，除引风机外其他转动机械联动跳闸。

（2）送风机跳闸的处理

将跳闸设备开关拉回停止位置。关闭其出口门。检修查找故障原因。

7.10 尾部烟道二次燃烧

（1）现象

1）尾部烟道烟气温度及排烟温度不正常的升高；

2）炉膛及烟道负压剧烈变化；

3）过热器处的烟道二次燃烧汽温不正常的升高。

（2）原因

1）燃烧调整不当，炉内过剩空气量偏小或过大，使未完全燃烧的燃料进入烟道；

2）燃烧室负压过大，未燃烬的燃料带入烟道；

3）低负荷运行时间过长，烟速过低，烟道内堆积大量未完全燃烧产物；

4）点火时炉膛温度低，过早或过多的投入燃料，燃烧不完全；

5）启炉燃油时，油枪雾化不良，严重漏油或油枪头脱落，使燃油不能完全燃烧，造成尾部污染，未能及时处理。

（3）处理

1）如发现烟气温度不正常的升高时，应首先查明原因，并校验仪表指示的准确性，然后根据情况，采取措施：加强燃烧调整，消除不正常的燃烧方式；对受热面进行吹灰。

2）如燃料在烟道内发生燃烧，排烟温度升至 200 ℃以上，应按下列规定进行处理：立即停炉（省煤器、烟气冷却器须通水冷却）；关闭风烟系统挡板和燃烧室、烟道各孔门，严禁通风；开大蒸汽吹灰汽门，使烟道充满蒸汽来灭火；当排烟温度接近喷入的蒸汽温度，已稳定 1 h 以上，方可打开检查门检查；在确认无火焰后，可启动引风机，逐渐开启其挡板，通风 5 ~ 10 min 后重新点火。

7.11 蒸汽参数不符合额定规范时的处理

（1）进汽温度过高的处理。

1）汽轮机正常运行时进汽温度为 535^{+5}_{-10} ℃；

2）发现进汽温度上升至 545 ℃时，联系锅炉降温，并密切注意机组振动情况；

3）在锅炉采取措施后，汽温仍超过 550 ℃，应适当减负荷，按 5.3.1 执行；

4）如负荷减至锅炉不能维持燃烧，但汽温仍然超温，方可停机，如汽温超过 560 ℃，应紧急停机；

5）对以上情况，运行人员必须作详细记录，包括超温情况，减负荷情况及处理时间。

（2）进汽温度过低处理

1）发现汽温降低时，应密切注意机组的振动情况，推力瓦温度及轴向位移的变化情况；

2）汽温降至 530 ℃以下时，应联系锅炉升温；

3）汽温如继续下降时应紧急通知锅炉恢复，并适当降负荷、按下表执行。开启自动主汽门前疏水及汽缸疏水；

4）汽温下降至 445 ℃减负荷至零，维持时间不得超过 15 min，否则紧急停机；

5）低汽温减负荷参照表 7－1。

表 7－1 低汽温减负荷参照表

汽温/℃	472	471	470	469	462	461	459	457	455	453	451	449	447	445
负荷/MW	27	26	25	24	17	16	14	12	10	8	6	4	2	0

6）汽温恢复时，根据汽温情况向电气发出加负荷信号，并在 470℃时关闭所有疏水。

7）进汽温度下降较快时，应特别加强注意，防止水冲击事故发生。

（3）进汽汽压过高的处理

汽压升到 9.3 MPa 时，并通知锅炉，汽压升至 10.0 MPa 时运行超过 15 min 时由总汽门节流到正常汽压，节流无效时按第二类停机处理。

在发现汽压升高，应注意管道有无漏汽现象，注意机组的振动情况及轴向位移的变化情况。

（4）进汽压力过低的处理

1）发现汽压降低时，应密切注意推力瓦温度与轴向位移变化，并按以下方法处理。

2）汽压降至8.3 MPa时，要求锅炉立即恢复，不能恢复时，按表7－2减负荷。

表7－2 低汽压减负荷参照表

汽压/MPa	8.4	8.2	8.0	7.8	7.6	7.4	7.2	7.0
负荷/MW	30	28	26	24	22	20	18	16
汽压/MPa	6.8	6.6	6.4	6.2	6.0	5.8	5.6	5.4
负荷/MW	14	12	10	8	6	4	2	0

负荷减至“0”若各部正常，应维持空负荷运行。

7.12 凝汽器真空下降

（1）真空下降的象征。

真空表读数下降，排汽温度同时上升。在负荷不变的情况下，主汽流量，各段抽汽压力上升。

（2）发现凝汽器真空下降时应注意机组振动，声音、轴向位移，推力与温度等情况，并迅速查明原因，设法消除。

（3）凝汽器真空下降4 kPa，应立即起动备用射水泵，检查轴封供汽，循环水量，出水真空等是否正常。

（4）真空下降至－87 kPa时联系电气减负荷，真空每下降1.0 kPa，减负荷1 MW，真空降至－72 kPa时，负荷减到零。

（5）真空下降至－60 kPa时，按第二类紧急停机处理。

（6）真空下降减负荷参照表。

纯冷凝工况按电负荷参照，抽汽工况按流量参照表7－3。

表7－3 真空与负荷参照表

真空/kPa	－87	－84	－82	－80	－78	－76	－73.3	－60
负荷/MW	25	20	16	12	8	4	0	停机

（7）真空下降原因：循环水断水或循环水量减少或水质变差；轴封失汽或汽量减少；抽汽器工作不良或射水泵故障，射水箱水温过高；凝汽器满水或凝结水泵故障；真空系统不严密漏空气；负荷增加或蒸汽参数降低；凝汽器铜管结垢。

（8）发现真空降低时应检查分析，对照排汽温度，并根据以上各种原因作出相应处理。

（9）循环水断水或水量减少使真空降低时的象征和处理原则：

1）假如凝汽器前循环水泵出口侧压力急剧降低，电流表指针降低，表示循环水供给中断，此时应立即起动备用泵，无备用泵的情况下，迅速去掉汽轮机的负荷，以备用水源向冷油器供水，依真空下降情况随时准备故障停机，由于循环水中断，使凝汽器超过正常温度时，应当停机并关闭循环水入口水门，等凝汽器冷却到50 ℃左右时，再往凝汽器内送循环水，同时检查汽轮机的自动排汽门是否动作。

2）假如真空逐渐降低，同时在相同负荷下循环水入口和出口温度差增大，表示冷却水量不足，应当增添冷却水量，以恢复正常真空，或争取反冲洗来提高真空。

3）假如凝汽器循环水出口真空变为零，同时入口侧压力增大，表示虹吸作用被破坏，此时应启动备用循环水泵，无备用泵时可适当关小凝汽器循环水的出水门，同时根据真空情况适当降负荷，待虹吸重新建立后提高负荷。

4）如端差增大，应争求带负荷半面隔绝进行钢管的清洗。

（10）轴封失汽或汽量减少影响真空，尤其发生在降负荷过程中，应及时调整均压箱压力。

（11）由于射水抽气系统故障引起真空下降的处理原则。

射水箱水位过低或水温过高影响抽气器的工作而使真空降低时应开启补水门直至恢复到正常；如因射水泵工作异常应迅速启动备用射水泵；如抽气器有异声或效率降低，增开射泵无效时应停机处理。

（12）凝汽器水位升高影响真空时。

1）检查凝泵运行情况是否正常，如凝泵电流、压力、流量摆动说明凝泵进口处漏空气，应启动备用凝泵停故障泵并找原因。

2）如凝泵发出不正常噪声，同时出口压力降低，流量摆动，一般为叶轮损坏，应启动备用凝泵并查找原因。

3）检查凝结水系统各阀门位置，再循环是否误开，出路是否畅通，备用泵的出口逆止门误开时，凝结水会从备用泵反回凝汽器。

4）如凝汽器水位急剧上升，凝结水导电度增大，应通知化学测硬度，确定是凝汽器钢管漏水，应捉漏，如因断叶片而引起的泄漏则应故障停机，同时关闭循环水的进水门。

（13）由于空气漏入凝汽器的汽侧和在真空下运行的管路引起真空下降的一般原因：

1）真空破坏门误开，或关不严或水封无水及向空排汽门漏空气。

2）热井及低压加热器的水位计接头发生问题。

3）真空下运行的管路上各种截门的盘根不严密，特别是从凝汽器吸出蒸汽和空气混合物的管路上的空气门盘根不严密。

4）凝汽器汽侧放水门不严密。

5）在真空运行的蒸汽管的疏水不严密。

6）负荷降低时真空下降，负荷升高时真空又重新恢复正常，则真空降落的原因一般是在某些低负荷处于真空范围的抽汽管道和汽缸连接的地方或低压汽缸的接合面漏空气。

7）如果真空系统漏空气无法找到，待停机后进行真空系统找漏。

复习思考题

1. 试阐述锅炉汽水流程、风烟流程。
2. 锅炉启动初期给相关设备上水,请问上水的顺序是什么?
3. 锅炉启动初期,满足什么条件,才可以吹扫?
4. 电厂哪些设备要严格控制其水位?分别要求水位控制在什么样的范围?
5. 该锅炉的热风来自哪个设备?与传统燃煤电厂的空气预热器有什么区别?
6. 试描述锅炉和汽轮机的启动流程。
7. 锅炉运行过程中有哪些调节方式?
8. 锅炉的启动方式有哪些?
9. 锅炉的排污方式有哪些?
10. 锅炉蒸汽吹灰器有哪些种类,分别用于哪些部位?
11. 凝汽器如何维持真空?
12. 汽轮机的辅机系统有哪些?
13. 给水除氧技术有哪些?该生物质电厂采用的是哪种除氧技术?